U0069264

Leaves
Publishing

根
以讀者爲其根本

莖
用生活來做支撐

葉
引發思考或功用

果
獲取效益或趣味

元氣 維生素B

作者AUTHOR

林世忠●蘇婉萍●林天龍

專業營養師親自執筆，
觀念最正確！

銀杏 **GINKGO**

元氣維生素B

作　　者：林世忠
食譜設計：蘇婉萍
食譜示範：林天龍
出 版 者：葉子出版股份有限公司
企劃主編：萬麗慧
文字編輯：謝杏芬
美術設計：張小珊工作室
封面插畫：蔣文欣
內頁完稿：Sherry
印　　務：許鈞棋
登 記 證：局版北市業字第677號
地　　址：台北市新生南路三段88號7樓之3
電　　話：（02）2366-0309　傳真：（02）2366-0310
讀者服務信箱：service@ycrc.com.tw
網　　址：http://www.ycrc.com.tw
郵撥帳號：19735365　　　　戶名：葉忠賢
製　　版：台裕彩色印刷股份有限公司
印　　刷：大勵彩色印刷股份有限公司
法律顧問：煦日南風律師事務所
初版二刷：2005年 10 月　　　新台幣：250元
I S B N：986-7609-71-9

版權所有　翻印必究

國家圖書館出版品預行編目資料

元氣維生素B / 林世忠 著. -- 初版. --
臺北市：葉子, 2005[民94] 面；　公分. --（銀杏）
ISBN 986-7609-71-9（平裝）
1. 維生素 2. 食譜 3. 營養

399.62　　　　　　　　94010351

總 經 銷：揚智文化事業股份有限公司
地　　址：台北市新生南路三段88號5樓之6
電　　話：(02)2366-0309
傳　　真：(02)2366-0310

※本書如有缺頁、破損、裝訂錯誤，請寄回更換

foreword
推薦序

新光醫院創院至今的十多年來，一直以人本醫療做為服務的最高準則，近幾年更把觸角由院內病患延伸至各個社區，多年來從不間斷地在社區扮演一個健康促進的角色。將醫院的功能由『治病』的傳統印象擴大為『關懷』民眾身心的健康褓母。

在醫院中供應病患伙食的營養課，除了在平常為每一份伙食拿捏斤兩之外，也不時進入社區推廣營養知識，深化民眾對營養的認知。營養師們也曾著作過一些食譜書籍，如高鈣食譜、坐月子食譜、養生食譜等等，用深入淺出的方式傳遞營養知識。獲得許多的好評。藉由這些專業知識書籍的出版，也擴大了營養師的服務範圍。

此次，營養師再度編寫一系列維生素書籍，一樣秉持專業的角度，對每種維生素做更精闢的有系統的介紹。也從『飲食即養生』的觀念中提供各種維生素的食譜示範，讓健康與美味巧妙融合。

飲食與健康是密不可分的，健康的身體需建立在正確的飲食上。希望藉由本系列叢書的介紹，能讓讀者對維生素有更多一層的瞭解。推薦讀者細細研讀，或做為床頭書隨時翻閱。

新光醫院董事長　吳東進

元氣維生素 B₁

foreword
推薦序

富裕的台灣社會，營養不良的情形已經由「不足」漸漸轉變成「不均衡」。國人對食物的可獲量雖然逐年增加，但對攝取均衡營養的觀念上卻沒有明顯的進步。

其實，維生素的缺乏症在古代並不多見，一直到工業革命之後，食品科技越來越發達，人們吃的食物也越來越精緻，維生素的缺乏症反倒發生了。舉例來說，糙米去掉了米糠成為胚芽米，維生素B群就少了一半，胚芽米再去掉胚芽層成為白米，維生素B群就完全不見了。儲存技術的進步讓大家在夏天也有橘子可以吃，但您吃的橘子，恐怕維生素C也可能所剩無幾了。

但隨著醫療科技的進步，在一個個維生素的真相被探索出來之後，這些維生素缺乏症也漸漸消失匿跡了。而且，近年來養生觀念漸漸形成風尚，國內外在許多菁英投入養生食品研究，發現維生素除了原有的生理機能之外，更有其他重要的養生功效：有些可以當成抗氧化劑，有些可以保護心血管，有些可以降血壓，有些甚至有美白的功效。這些維生素的額外功能，也讓維生素的攝取再度受到重視。

本院營養課出版這一套「護眼維生素A」、「元氣維生素B」、「美顏維生素C」、「陽光維生素D」、「抗老維生素E」，不僅詳盡解說各種營養素的功用，更提供各種富含維生素食物的食譜示範，希望能讓讀者能夠不需花太多心血就做出簡單又健康的食物，輕鬆攝取足夠的各項維生素，掌握健康其實並不難。希望本書能夠讓讀者更關心自己的健康，並將養生之道融入日常的生活之中。

新光醫院院長　洪啟仁

preface
自序

維生素的缺乏在衣食不虞的今天已不多見，但隨著營養科技的進步，維生素除了原本的功能之外，也漸漸被發現還有許多多樣化的作用，尤其在慢性病的預防上確有其不凡的功能；但有許多類似的訊息常常被斷章取義，尤其在網路上，許多似是而非的言論常被火速傳開，就我的經驗裡，也常常收到一些錯誤的營養觀念的電子郵件，這些訊息非營養專業人員確實不容易分辨真偽。

本書介紹維生素B群，試圖以較輕鬆的方式將維生素B群的功能逐一解說，並解釋一般人對維生素B群較常見的誤解。書中所提到的文句皆有文獻背景，而對於未經證實的傳言，本書並不贅述，以免發生以訛傳訛的現象。

本書分為三個部分，第一部分專說維生素B群的基本常識及各種功能，第二部分則以各種維生素B群含量豐富的食材做出簡單的食譜示範，第三部分是介紹市面上較常見的維生素補充品，讀者可以就需要分章閱讀。

在讀完這本書之後，但願讀者可以更進一步瞭解維生素B群的功能，瞭解維生素B群如何幫助您的身體，也能瞭解如何在日常生活中輕鬆攝取足夠的維生素B群，並可以身體力行，做為邁向健康未來的第一步。

新光醫院營養師　林偉宗

introduction

前言

人體所需的營養素包括量較大的醣類、蛋白質與脂肪等三種巨量營養素，及量較少的維生素與礦物質等二種微量營養素。若以機器來比喻人體，醣類、蛋白質與脂肪就好像電力、汽油或燃料等動力來源；而維生素與礦物質所扮演的角色就如同潤滑油，缺少了它們，機器仍可運轉，只是運轉起來較不順暢，也容易出狀況。

維生素在化性上可以區分為脂溶性維生素（維生素A、D、E、K）與水溶性維生素（維生素B群、C）兩大類；脂溶性維生素不溶於水，因此不易溶於尿中被排出體外，在體內具有累積性，因此某些維生素具有毒性；而水溶性維生素則在體內不易累積，因此大致上不具毒性，但相反的卻容易缺乏。

在以前，維生素的缺乏症經常發生，那時的營養專家們會把維生素的研究專注在各種維生素對人體的作用；但近幾年來，除了維生素的基本生理功能之外，研究方向漸漸朝向維生素的附屬效能，例如維生素A、C、E除了抗夜盲、抗壞血病、抗不孕之外，其抗氧化作用更令人大為驚奇。而維生素B6、B12、葉酸等除了維持新陳代謝及造血的功能之外，其降低心血管疾病發生率更令人感興趣。維生素C的美白效果也造成業界的震撼……這些種種非傳統的維生素功效近年來如雨後春筍般的被一提再提，但在每一種功效背後所存在的「需要量」的問題，卻較少有人注意，而這卻是維持功效中更重要的前提。

即使維生素的功效如此多元，但在飲食精緻化的潮流下，某些維生素攝取的不足也讓人憂

心。我國衛生署在民國九十一年時發表了「國人膳食營養素參考攝取量」（Dietary Reference Intakes, DRIs），裡面詳盡地說明了我國各年齡層國民營養素攝取的建議量。這些建議量可以說是健康人所應達到的「最低」要求。然而，若比對民國八十七年衛生署所發表的「1993-1996國民營養現況」，我們發現，衣食無虞的我們，竟然也有如維生素B1、B2、B6、葉酸及維生素E等攝取不足的情形，其中又以葉酸及維生素E兩者的缺乏甚為嚴重。

　　而另一項令人憂心的便是補充過多的問題，在門診的諮詢病患之中，不乏每日食用五種以上營養補劑的病患，這些瓶瓶罐罐中，隱藏著有維生素攝取過多的風險，有些甚至於是建議攝取量的數百倍；目前除了少數維生素經證明無毒性之外，其他的都應仔細計算，否則毒性的危害並不亞於其缺乏症。

　　天然的食物中所含有的維生素其實相當豐富，以人類進化的觀點來說，如果人類需要某定量的維生素，那似乎意味著自然界的飲食應含有如此多的維生素量，但可惜的是加工過程中所喪失的常遠多於剩下的，像米糠中的維生素B群、冷藏過程中維生素C的流失等都是令人惋惜的例子。在工業不斷進步的現代化文明，我們期待有朝一日能有更進步的科技，達到兩全其美的目標。

新光醫院營養課襄理

Reader Guide
本書使用方法

本書內容共分為三個主要的部分

● 第一部分
  認識維生素B

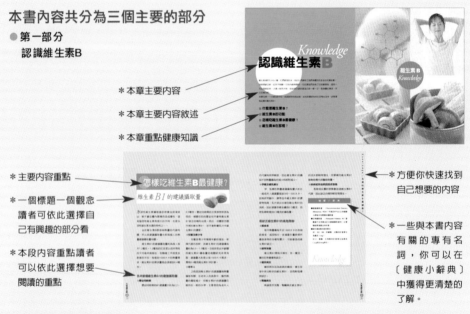

* 本章主要內容

* 本章主要內容敘述

* 本章重點健康知識

* 主要內容重點

* 一個標題一個觀念
  讀者可依此選擇自
  己有興趣的部分看

* 本段內容重點讀者
  可以依此選擇想要
  閱讀的重點

* 方便你快速找到
  自己想要的內容

* 一些與本書內容
  有關的專有名
  詞，你可以在
  〔健康小辭典〕
  中獲得更清楚的
  了解。

● 第二部分
  維生素B優質食譜介紹

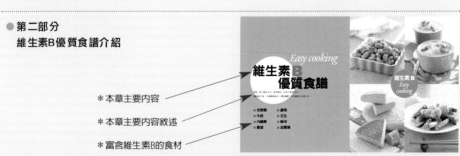

* 本章主要內容

* 本章主要內容敘述

* 富含維生素B的食材

＊一百克食材的維生素B含量，這部分數字不同資料來源或有些許出入，但讀者應注意，重點不在實際的數字，而是要知道該食材富含維生素B。

全穀類

Easy cooking 全穀類食譜

＊方便你快速翻閱，找到自己想要的食譜示範

＊食材特性介紹

＊〔營養師小叮嚀〕告訴你選購、烹煮、保存及食用時保留最高營養素的小技巧。

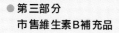

＊富含維生素B的食材

● 第三部分
市售維生素B補充品

市售維生素B補充品
Supplement B

＊本章主要內容
＊本章主要內容敘述
＊本章重點健康知識

選購市售維生素B補充品小常識

常見市售維生素B補充品介紹

＊選購時常見的問題

＊問題的解答

■表示維生素單方或複方

■表示其他營養速

■表示綜合維生素

＊補充品資料表：提供該補充品相關產品訊息

CONTENTS

第2部　維生素B優質食譜 *Easy cooking*

第3部　市售維生素B補充品 *Supplement*

Knowledge

認識維生素 **B**

維生素B群至少有八種，它們都溶於水，而且它們參與了我們身體許許多多的代謝反應。

短時間缺乏時，症狀不明顯。它的內斂與隱形，往往讓我們忽視了它的重要性；當有一

天出現病症時，才讓人恍然大悟，但此時欠缺的現象已非一朝一夕，對身體的傷害，早

已日積月累。

本單元將一一介紹B群中每一成員的特色與功能，並告訴讀者如何在日常生活中，就能獲

取足量的維生素B。

- 什麼是維生素 **B**？
- 維生素 **B**的功能
- 怎樣吃維生素 **B**最健康？
- 維生素 **B**在那裡？

維生素 B
Knowledge

什麼是維生素B？

為何稱為維生素 *B* 群？

維生素B1、B2、B6、B12、葉酸、菸鹼酸、泛酸、生物素等八種維生素被合稱為維生素B群。

相信很多人都有相同的疑問，人體中所需要的各種維生素中，為何維生素B與眾不同地被組合成一群？他們有何共通點？

●皆參與能量的新陳代謝

事實上，這是因為維生素B群在身體中有一個共通的功能，那就是參與能量的「新陳代謝」。

所謂的新陳代謝，簡單地說，就是指當我們攝取食物之後，從食物的各種營養素轉變為熱量或體質的一連串過程。維生素B群在這些新陳代謝的反應中，扮演著推手的角色。

這些複雜的新陳代謝反應，所需要的維生素B群，雖然各不相同，但是要完成一個完整的生化反應，卻也絕不是一、兩種維生素所能獨撐。單一、大量的維生素B的補充反倒會讓維生素失去原有的平衡。

相同地，單種維生素B若有缺乏的情形，表示整體維生素B群都有缺乏之虞。因此，在補充治療時也會以綜合維生素再搭配單體維生素做補充，效果較佳。

維生素B群既然都與熱量或體質生成相關，他們的需要量也隨著人們攝取食物熱量的多寡而增減；攝取較多熱量時，便需要較多的維生素B群以協助新陳代謝。

短期的維生素B群缺乏幾乎不會造成身體的任何傷害。研究指出，一般人缺乏維生素B群時若有症狀出現，表示缺乏

狀況至少已超過200天以上了。但這並不意味著平日就可輕忽維生素B群的攝取，以維生素B1為例，在缺乏超過10天以後，身體的代謝即出現不正常的改變，這時可能只有偶發的頭昏、輕微疲勞等身體違和的感受，但實質的人體傷害卻已悄悄形成了。

皆為「水溶性維生素」，因此除了維生素B12之外，皆無法長期儲存於體內，多餘的維生素群會隨著尿液排出體外，所以絕對有必要每天攝取維生素B群。另外，也由於易溶於水的特點，也使得它們常常在食品的洗滌及加工過程中隨著水分流失。

● 皆為水溶性維生素

維生素B群還有另一個相同點，他們

健康小辭典

其他的維生素B群

本書所介紹的維生素B1、B2、B6、B12、葉酸、菸鹼酸、泛酸及生物素統稱維生素B群。其實，在我們的體內，仍有一些作用等同於維生素群的物質也常被歸納在維生素B群的家族。較常被提出來的有膽鹼（choline）、肌醇（inositol）及對胺安息香酸（PABA, para-aminobezoic acid）等三種。和正統維生素B群所不同的是，這三種物質人體可以由其他物質合成足夠的需要量，並不需要由食物中攝取，因此他們也沒有所謂的「需要量」。不過，在坊間所購得的補充劑中卻常常出現他們的蹤跡。

Knowledge

維生素 *B* 群的歷史

荷蘭軍醫發現維生素B1

1929年，荷蘭軍醫Christian Eijkmann獲頒諾貝爾醫學獎殊榮，得獎的理由是他發現了維生素B1。但在這之前，遠在東方的人們已被惱人的腳氣病折磨了許多世紀。

十七世紀初，荷蘭是海權鼎盛的時代，醫學也相對發達。在這期間，他們成立了「東印度公司」管理遠東地區殖民地的事宜。

在1611年，東印度公司總督報告了一種當地人稱之為「Beriberi」（錫蘭語，肌肉無力之意）的怪病，罹患這種病的人會手腳麻痺、疼痛、甚至不良於行。直到1642年，Bontius醫生首次向醫學界提出在雅加達發現種疾病。在中國，這病被稱為腳氣病。

工業的發展帶給人們許多的便利，許多的發明確實讓人在生活上方便許多，這也包括了食品工業。食品工業非但讓人們獲取食物更加的方便，也進一步讓一些食物脫胎換骨。

腳氣病的發生和碾米技術進步有關

在白米被大量生產之前，腳氣病並不常發生，隨著工業的發達，白米的產量漸漸增加，價格也變得便宜，加上它比一般糙米、胚芽米更不容易腐壞，因而廣受民眾歡迎，漸漸成為以米為主食民族的最愛。在這之前，稻米去殼常用人工的搗米方式，一般的搗米只能去掉稻米的外殼，其間的銀皮與黃皮兩層是無法經此步驟脫去，所以，不能產生晶瑩剔透的白米，也因為如此，富含維生素B1的銀皮被人們順便吃進肚子裡了，腳氣病的發生非常罕見。

但醫療產業進步的速度並不如工業的發展，十七世紀初就被人們注意到的疾病，一直到十九世紀時仍不知發病原因，當時普遍的認知僅是這種疾病只發

生在以米為主食的人。直到1886年，荷蘭再度派遣一組包含Christian Eijkmann的軍醫群至東南亞專門研究此病，他們發現餵食白米的實驗雞在三個月內就發生了神經炎症狀，如果換餵食糙米，症狀便消失，再換回餵食白米，則症狀又再度出現。因此推論：糙米應含有一種抗神經炎的物質。

在動物實驗獲得初步成功之後，Eijkmann將注意力轉移到人類身上，他發現一些監獄的囚犯得腳氣病的機率非常高，而且這些囚犯的主食都是白米，但其他以糙米為主食的監獄則腳氣病相當罕見。

另外，在馬來西亞16,716例的腳氣病患者中，中國人佔了97.6%。以當時的社現況來看，富裕的中國人吃白米飯，而其他種族較為貧窮，吃的是糙米飯。很明顯地，真正腳氣病的元兇是經過精碾的白米。

Eijkmann將這些寶貴的研究資料帶回荷蘭，由另一位年輕軍醫G. Grijns接手研究腳氣病，結果的推測是糙米中含有人類所需求的神經保護物質，而且需求量極微，但在當時仍無法瞭解究竟是

健　康　小　辭　典

腳氣病

腳氣病分為濕型（wet form）和乾型（dry form）兩種。

濕型腳氣病會造成心臟衰竭，臨床上常以水腫、心悸等心臟衰竭症狀呈現，此型較為嚴重，但較不常見；乾型腳氣病則造成周邊神經病變，臨床症狀為手腳酸、麻、痛、甚至動彈不得。

Knowledge

那一種成分。

1911年，倫敦的醫師Casimir Funk成功地分離了此種神經保護物質，它是一種成分中含胺的物質，於是取名為vitamine，是生命（vita）與胺（amine）的組合字，表示其為維持生命所需的胺類物質。但後來又發現許多類似作用的維生素並非全是胺類所組成，於是將命名改成vitamin。

在維生素B1被確定功效之後，科學家們陸續又發現維生素B2、B6、B12、葉酸、菸鹼酸、生物素等也都參與了新陳代謝的運作。

維生素 **B** 的功能

維生素 *B1*（硫胺素 thiamin）

維生素B1的功能

● 參與熱量的產生

維生素B1在體內參與產生熱量的過程，可以說是所有維生素B群的基礎，也是諸多維生素當中最早被發現並純化的維生素。維生素B1在醣類及脂肪轉化成熱量的過程中，其輔酶直接影響燃燒產熱的過程是否能順暢進行，因此它扮演了關鍵性的角色。

● 協同神經傳導物質的釋放與調節

維生素B1也某種程度的參與神經傳導作用，雖然這些作用的機轉至今尚未完全釐清，但它對神經傳導物質（乙醯膽鹼）釋放的調節，的確有著重要的作用。

● 與遺傳物質的合成有關

另一項維生素B1的重要功能便是參與五碳醣（核醣）的合成，五碳醣是DNA（去氧核醣核酸）及RNA（核醣核酸）中重要的原料，是身體中重要的遺傳物質。

● 可以穩定心跳

維生素B1還有一些額外的功能。在心臟方面，其可以穩定心跳，因為他可以讓跳動的心臟更有彈性，讓心臟在每一次的收縮之後能迅速恢復舒張。反之，在維生素B1缺乏的情形下就極有可能發生心律不整了。

● 協助糖尿病患者控制血糖

在血糖控制方面，由於維生素B1直接影響在血糖的製造與利用，所以當維生素B1缺乏的時候，就會產生和糖尿病患類似的糖分利用障礙，因此，維生素B1缺乏的糖尿病病患若能補足維生素B1的話，血糖將更容易控制。不過，若維

生素B1的缺乏已被矯正，則多量的維生素B1並不會對血糖控制有更多的幫忙。

● 預防口腔潰瘍

如果您常受口腔潰瘍的困擾，那你可能缺乏了維生素B1。不過研究發現，即使我們知道是維生素B1缺乏所導致的口腔潰瘍，一旦潰瘍發生之後再攝取額外的維生素B1依舊無法加速潰瘍的癒合，所以維生素B1並不是用來治療口腔潰瘍，而是平日即應攝取到足夠量，以收預防之效。

● 其他營養素的存在會增強其功能

維生素B1可說是新陳代謝之母，在維生素B2、葉酸、菸鹼酸、維生素C、維生素E、錳及硫等營養素存在的環境之下，會加強其功能。

維生素B1缺乏易引發的問題

● 腳氣病

維生素B1在植物及一些較低等的動物中可以自行合成，但在哺乳動物體內卻無法合成，只能仰賴自食物中攝取。所以如果攝取不足，將會引起缺乏症，其中最有名的就是「腳氣病」了。

生化醫學的進步，雖然解開了許多的疾病之謎，但至今卻仍無法完全解釋B1缺乏時所造成的諸多症狀。在腳氣病發生的初期，個案會因厭食而導致體重減輕，之後，開始出現神經症狀（乾性腳氣病：肌肉衰竭無力，尤其下肢更嚴重）及心血管症狀（濕性腳氣病：心臟擴大、心律不整、心臟衰竭），其中濕性腳氣病遠比乾性腳氣病嚴重得多，若不及時處理甚至有死亡的危險。

● Wernicke's-Korsakoff 症

另外一種因缺乏維生素B1所引起的疾病為Wernicke's-Korsakoff 症，這種缺乏症以西方人較為常見，大部分發生在酗酒造成的維生素B1缺乏者的身上。酒癮者之所以會有這病症發生，除了因酗酒所造成食物攝取減少之外，酗酒所造成的B1需求量增加也是原因之一。

Wernicke's-Korsakoff 症的常見症狀為眼部肌肉麻痺、運動失調、短期記憶喪失、心智混淆等。

維生素 *B2*（核黃素 riboflavin）

維生素B2的功能

記得在夏天吃荔枝或龍眼時，長輩總會善意的對小朋友說：「這種水果很燥，不要一次吃太多。」不聽話的小孩，隔天起床就發生口角發炎了。上述症狀雖然至今無法以科學角度來詳細解釋，但最有可能的原因可能就是維生素B2耗盡了。

●與熱量的產生有關

維生素B2就如之前文中所述，是一種熱量代謝的維生素，在身體中最主要以核黃素單核甘酸（flavin mononu-cleotide，簡稱FMN）或黃素腺呤雙核酸（flavin adenine dinucleotide，簡稱FAD）兩種輔酶形式存在，這兩種輔酶最主要的功能在於參與電子傳遞作用（換句簡單的話說，就是指幫助細胞呼吸），與產生熱量有關，另外，它也有補足其他酶系的不足的功能，尤其與菸鹼酸及維生素B6的關係更是密切。

事實上，維生素B2的缺乏並不多見，原因在於一般的食物即能有效提供足夠的維生素B2，但在某些族群則發生率會較高，如運動員、糖尿病患、孕婦、哺乳婦女、老年人、乳糖不耐者及服用三環類抗憂鬱藥物者，這些族群的人有些因為本身需求較多，或因為代謝異常容易造成維生素B2的耗盡。

維生素B1缺乏易引發的問題

●產生口角發炎症狀

維生素B2在身體的功能非常全面，尤其在眼睛、毛髮、指甲、皮膚等軟體組織中所發揮的功能更形重要。因此，一旦缺乏時主要的症狀也出現在上述部位，包括口角發炎的發生也是如此。

所以那些不乖吃太多荔枝、龍眼的小孩，發生口角發炎的原由，應該是因為荔枝、龍眼等水果含有多量的糖分，但他們卻僅含少量的維生素B2，這些糖

分燃燒需要許多的維生素B2，因此產生了維生素B2耗竭的症狀。

維生素B2除了以上的功能之外，近年來也有許多的研究發現維生素B2對於某些病痛確有其療效。

● 可以減輕偏頭痛

偏頭痛是一種惱人的症狀，尤其併發的腸胃症狀如噁心、嘔吐等則更加令人頭痛。這個歷史悠久的疾病一直到今天都無法有一個較完美的醫學解釋，許多研究的結果總是讓人失望，但最近有一個有趣的研究發現，給予高劑量的維生素B2（每天400mg，這劑量真的很高，讀者知道就好，除非專科醫師建議，請勿自行嘗試），確實能減輕偏頭痛的嚴重度。

健康小辭典

維生素B2可以治療白內障嗎？

眼睛是靈魂之窗，是接受光線最重要的器官，但是光線所造成的光化學反應會產生許多自由基，這些自由基常是白內障最主要的元凶，所幸體內的強抗氧化劑麩胺基硫（glutathione）會作用在眼睛，幫忙除去這些自由基。維生素B2可幫麩胺基硫正常運作。

如此說來，似乎維生素B2扮演著抵抗白內障發生的角色，理論雖然如此，但許多的臨床研究卻無法證實這樣的論點，一項大規模的膳食調查發現：有三分之一的老年人有長期維生素B2缺乏的問題，但他們的白內障罹患率並不見得比其他攝取足夠維生素B2的人高。

而有白內障問題的人要準備額外攝取維生素B2了嗎？且慢，研究顯示，已有白內障的病患如攝取過多的維生素B2，不僅無法保護眼睛，反而會因此讓白內障病情更嚴重。原因無他，因為維生素B2在眼睛中受光自由基破壞後會產生更多的自由基，結果更加惡化白內障的病情。所以，建議有此困擾的病友只攝食富含維生素B2的食物即可，千萬別再使用補充劑。

Knowledge

維生素 *B3*（菸鹼酸 niacin）

菸鹼酸的功能

聽過維生素B3的人應該不多，但大部分人應該都聽過菸鹼酸，事實上維生素B3就是菸鹼酸。乍聽菸鹼酸這個名詞，一定有許多人會有一個疑問，菸鹼酸和香菸有什麼關係？就英文來說，菸鹼酸的主成分nicotinic acid及nicotinamide和 nicotine（尼古丁）也很相近，兩者除了基本的化學結構類似之外，其化學性質及對人體的功能完全沒相關。

菸鹼酸在人體內參與的新陳代謝反應相當多樣，人體內有超過50種新陳代謝反應需要菸鹼酸的輔助，這些作用包括葡萄糖分解作用（將葡萄糖燃燒成熱量的反應）、脂肪合成、電子傳遞鏈（細胞呼吸）等。雖然我們越來越不喜歡脂肪，但脂肪卻是細胞膜最主要的成分，因此，菸鹼酸缺乏也大多和細胞膜完整性有關，最主要作用在皮膚、腸道及神經系統。

菸鹼酸缺乏易引發的病症

傳統上，缺乏菸鹼酸易導致的症狀就是癩皮病（pellagra，一種皮膚粗糙、結痂性的皮膚炎）。但在臨床上，所看到的症候更是廣泛，也可能會出現舌炎、口角發炎、食慾不振、虛弱、消化不良、腸黏膜發炎及壞死等現象。在精神上也可能會出現憂慮、壓抑、失憶、自閉、歇斯底里、燥鬱等症狀。

人體雖然無法大量貯存菸鹼酸，但短期的菸鹼酸缺乏不會有特殊症狀。一旦有上述的症狀發生，表示已經缺乏好一陣子了，且極有可能伴隨著維生素B2及維生素B6的缺乏。

新發現的菸鹼酸功能

最近關於菸鹼酸的研究也有一些頗令人振奮的發現：

● 降血壓

雖然無較大規模的研究佐證，但一

些中、小型的研究發現，補充菸鹼酸確實可以降低高血壓病患的血壓值，且對血壓正常的受試者卻無影響。

● **降低膽固醇**

現代人吃得好、穿得好，導致血脂肪偏高患者的年齡層逐漸下降，除了降血脂肪的藥物之外，高劑量的菸鹼酸也有降血脂肪的功能，每天2～3g的菸鹼酸攝取，可以降低壞的膽固醇（LDL）、三酸甘油脂（TG）的值，而且可以提高好的膽固醇（HDL）的值。

但每天2～3公克的菸鹼酸已經不算是「補充品」了，如此高的劑量絕對需要經過醫師的評估。一般民眾若有血脂肪過高的問題，千萬不要妄自停藥或改藥，應該與主治醫師討論用藥事宜。

再者，如果是糖尿病患，高劑量的菸鹼酸反倒會使血糖更不易控制。而高血壓患者若補充高劑量菸鹼酸又併服降血壓藥，非常容易發生血壓過低的情形。而且如此高的劑量對肝、胃都有負面的影響，宜謹慎使用。

● **預防第一型糖尿病**

第一型糖尿病以前叫做IDDM（胰島素依賴型糖尿病），此型糖尿病大部分都在兒童時期發病，通常無法由口服降血糖藥控制，而需要打胰島素來控制血糖。

IDDM的致病機轉和自體免疫有相當大的關係，未被哺育母乳的幼兒也比被哺育母乳的幼兒容易得到第一型糖尿病。

紐西蘭的一項研究發現，胰島素依賴型糖尿病在發病前若能補充菸鹼酸，其發病機率可減少一半。但對於已罹患糖尿病的患者，不管是第一或第二型，多量的菸鹼酸會讓血糖控制變得更糟。

健 康 小 辭 典

第一型糖尿病

第一型的糖尿病又稱為胰島素依賴型糖尿病，大多在青少年發生，患者的胰臟無法製造胰島素，因此治療方法以注射胰島素最為常見，糖尿病患約有5%為第一型。

第二型糖尿病

第二型糖尿病又稱做非胰島素依賴型糖尿病或稱成人型糖尿病，大多在中年以後發病，大部分患者的胰臟仍有部分的功能，胰島素分泌不足或利用率變差為最主要的原因，大部分第二型糖尿病患以口服降血糖藥治療。

維生素 *B5*（泛酸 pentothenic acid）

泛酸的功能

泛酸，就是維生素B5，但實務上大家多半都會使用泛酸這個名稱。這個維生素的名字取得相當有趣，因為在食物中的含量相當廣泛，所以就叫泛酸。

泛酸最主要的生理功能是形成輔酶A（coenzyme-A, Co-A），這種輔酶參與了許多人體內的新陳代謝反應，尤其在能量的轉換方面，有其積極性角色。生理上，他維持了紅血球健康、賀爾蒙合成等功能。

由於泛酸在食物中含量非常豐富，因此，醫學史從未有過自然發生的泛酸缺乏症報告。但實驗指出，如果連續12週刻意不給予任何含泛酸的食物，受試者開始會有頭痛、疲倦、神經遲鈍、肌肉不協調、痙攣及腸胃症狀發生。

醫療界似乎對於泛酸的研究興趣缺缺，

但是仍有一些關於泛酸的研究顯示其功效如下：

● 避免膽固醇過高

有一些研究顯示泛酸可以降低血液中膽固醇及三酸甘油質的濃度。不過，這些證據尚不能成為建議您補充泛酸的理由，實驗也仍持續發展中。

● 提升運動員的效率

高劑量泛酸似乎可以增加運動員訓練的效率，尤其在頂尖的健美及長跑選手身上效果更顯著。但對於平常運動量較少的人，卻未發現有任何效果。

● 使灰白髮色變烏黑

一項動物實驗發現泛酸缺乏會使得老鼠的黑毛斷裂且變成灰白色。因此，有一個廣告詞您應該不陌生，「……洗髮精添加維生素原V5……使您的頭髮烏黑亮麗、柔順自然……」。廠商暗示添加泛酸的洗髮精可以讓頭髮又黑又亮，不過泛酸在人體實驗上尚未發現此種效果。

維生素 B6（pyridoxine）

很難相信有一種物質，每天只需要少少的2mg，就可以大大的促進人們的健康。它參與60種以上不同的酵素合成，可以讓您的免疫系統正常作用，幫助維持紅血球運作，甚至讓您的神經傳導更穩定，這就是維生素B6。

維生素B6泛指含吡哆類的化學物質，在體內有作用的有吡哆醇（pyridoxol）、吡哆醛（pyridoxal）、吡哆胺（pyridoamine）三種。這些物質對於氨基酸的代謝非常的重要。

維生素B6的功能

●改善心情

人們常將維生素B6暱稱為「情緒維生素（mood vitamin）」，因為它是身體將色胺酸（tryptophan）轉變為血清素（serotonin，一種重要的神經傳導物質）重要的輔酶，而血清素具有鎮靜情緒、減除焦慮的功能。

●協助造血功能

維生素B6也參與紅血球生成時原血色素（heme；或稱血基質）的合成，原血色素顧名思義就是血紅素的前身，人體在合成血紅素之前會先形成原血色素，沒有它，血紅素可是合成不出來的。

●促色胺酸轉化成菸鹼酸

體內色胺酸轉化成菸鹼酸需要維生素B6的幫忙，許多維生素B6缺乏的個案也常併有菸鹼酸的缺乏，即是這個原因。

●保護心臟

維生素B6也參與保護心臟的功能，它可以阻止紅血球凝集，降低血液黏稠度，進而避免發生血管病變，因此可以降低中風及冠心病的危險。而且對於已有血球凝集問題的人，適量補充維生素B6，也有減緩病程的功效。

此外，若維生素B6與葉酸聯手保護心臟的效果更是一流。但由於葉酸的有效劑量是建議量的數百倍，請勿自行服

用，如有疑問請與您的臨床醫師討論。

還有一個有趣地發現，雖然維生素B6缺乏和發生心臟病並無直接相關，但是一些觀察性的研究顯示，初發生心臟病的病患其血液中維生素B6的濃度亦較低，是否其中還藏有一些醫學界尚未解開的關連，只能留予研究人員們進一步地去探索了。

●降低血壓

每天單純的補充500mg維生素B6就有降低血壓的功能，其降血壓功能並不遜於一般的降血壓藥，而且沒有一般降血壓藥的副作用，對高血壓病患而言，維生素B6降血壓藥外的另一種選擇。

●維持正常免疫功能

維生素B群中所有的維生素都和維持正常的免疫功能有關，其中維生素B6更扮演關鍵性的角色，缺乏維生素B6，會導致人體胸腺退化、淋巴球減少，以致難以抵禦細菌入侵。

臨床發現，一些免疫力較低的人（如酒精中毒、老年人及癌症病人等），確實都有維生素B6濃度不足的狀況。因此，建議上述族群能每日額外補充維生素B6。

●減少糖尿病的神經系統併發症

糖尿病病人保健的最主要目的就是降低併發症的發生，根據統計，每日補充約150mg的維生素B6，確實可以降低糖尿病患者併發神經病變的發生率。不過，如果糖尿病病患想要嘗試此高劑量的補充，仍應先與醫師討論，讓醫師可以針對病患的個別狀況，進行評估，在安全無虞的狀況下，才進行較大劑量的補充。

●緩解支氣管擴張劑的作用

氣喘是一種相當危險的疾病，即使是輕微的氣喘都有急速惡化的可能，因此，一般氣喘病患會使用支氣管擴張劑來緩解氣喘症狀。但支氣管擴張劑的副作用，如腸胃不適、噁心、神經質、不自主顫動、頻尿等，常讓氣喘病患吃不消。研究發現，補充維生素B6可以緩解支氣管擴張劑所帶來的副作用，尤其對不自主顫動的效果尤佳。

●緩解經前症候群的症狀

經前症候群（PMS）常困擾許多女性朋友，無論是焦慮、沮喪或頭痛，任何一種症狀都令人難以忍受，何況常常是多種症狀協同來襲。

1970年代開始，醫療界就常常以維生素B6來治療經前症候群，這種治療方式雖然一直未有實證醫學基礎，但確有許多人因而緩解症狀。聰明的使用者不需以高劑量使用來避免經前症候群，而是以低劑量長期服用，是既安全又有功效的最好辦法。

維生素B6缺乏易引發的問題

維生素B6最主要作用位置在人體的血液、肌肉、皮膚及神經系統，又因它與菸鹼酸的合成有關，所以與免疫、腸胃道、心臟及神經系統症狀有很大的關係。當維生素B6缺乏時，常引起抽筋、貧血、食慾不振、嘔吐、下痢等症狀。

由於維生素B6的作用極為廣泛，很難一一詳述，以上的功能僅簡單略說。且因其作用廣泛，缺乏時引起的症狀也相當多樣，餘則留待談葉酸時再述。

健康小辭典

維生素B6的形式

　　和其他維生素不同的，維生素B6有比吡哆醇、吡哆醛、吡哆胺三種形式。這是因為維生素B6的活性部位是這些物質的某一部份，而非全部。如下圖為維生素B6的化學結構式，當★部位為CH₂OH則為吡哆醇、CHO時則為吡哆醛、CH₂NH₂時則為吡哆胺，其生理功能是完全相同的。

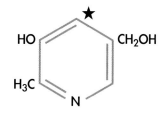

維生素 $B7$（生物素biotin）

生物素就是維生素B7

　　維生素B7一般稱為生物素。生物素和B群之間的關係總是若即若離，就B群的兩項條件而言（其一是人體無法合成，其二是參與熱量新陳代謝），生物素可說是條件齊全，但它不像其他的B群維生素有所謂的建議攝取量，生物素你不用吃也沒什關係，因為由腸胃道的細菌群會自行合成生物素，而且這些合成量已足夠人體所需。因此，很多人並不把生物素列為維生素B群，甚至不認為他是維生素。

生物素的功能

　　生物素在體內參與的新陳代謝包括醣類、脂肪、蛋白質的合成，作用也相當廣泛。因為上述特質，再加上食物中的生物素含量如泛酸一樣相當廣泛，缺乏症並不多見。但如果一些特殊的情形，例如長期生食蛋白，因為生蛋白會包裹住生物素，使生物素的吸收受到阻礙，也可能會有一些缺乏的症狀發生。

生物素缺乏易引發的病症

　　當血液中生物素含量減少，其所參與新陳代謝之活性反應也隨之降低，會產生皮膚炎、毛髮脫落、感覺神經異常或麻痺，精神上的症狀則有沮喪、憂鬱、幻聽、幻想、嗜睡等。

　　坊間有些洗髮精添加了生物素，到底有沒有效呢？答案是「也許吧！」，生物素的缺乏確實會導致髮色變白及掉髮，這些症狀會在補充生物素之後漸漸消失，至於用在洗髮精的添加補充上能有幾分效果，就見仁見智了。

　　生物素和指甲的健康也很有關係，對於指甲易碎、容易斷裂的人，可以每天補充1000～3000μg的生物素，雖然這看是大劑量，但因為生物素對人體並沒有任何毒性報告，所以仍值得一試。

維生素 *B9*（葉酸 folic acid）

葉酸就是維生素B9

維生素B9一般稱為葉酸。葉酸最主要的生理功能在於幫助身體中蛋白質的利用，是生成核酸相當重要的維生素，另外，在製造紅血球上，也和維生素B12相輔相成。

葉酸由於直接與核酸的合成有關，因此一旦葉酸缺乏，第一個出現問題的就是那些分裂較快的細胞，如腸道黏膜細胞、骨髓細胞或是待癒合的傷口等。所以容易造成腸胃道症狀，如消化不良、噁心、嘔吐及食慾不振，也會導致貧血。

葉酸的功能

●瓦解同胱胺酸，保護血管

前文說過，葉酸聯合泛酸可以減低心臟病的發生率，而葉酸主要的生理功能在於幫助身體中蛋白質及氨基酸的利用，明白地說，就是葉酸負責「破壞」蛋白質及氨基酸，但這破壞，並不是漫無目的的破壞，而是將人體不需要的蛋白質或氨基酸分解之後再利用或產生熱量。

血液中膽固醇的數值一直是我們評估心血管疾病風險的指標，但事實上，第一次發生心血管疾病的病患，血液中膽固醇數值並不如想像中高，甚至大部分人都在正常範圍之內。近年來，這問題終於有了解答，由臨床觀察發現，這些病患的血液中的同胱胺酸（homocysteine；亦有人譯為同半胱胺酸）數值皆偏高。

同胱胺酸是一種體內常見的氨基酸，在血液中會侵犯動脈的內層細胞，也會導致血小板的凝集增加造成血栓，因而增加心血管疾病的風險。

然而，為什麼同胱胺酸會增高呢？在正常的情形下，血液內的同胱胺酸會受到葉酸、維生素B6及B12的作用而瓦解，轉變成對人體無害的甲硫胺酸（methionine）。如果體內這三種維生素不

足，則同胱胺酸就會在血液中存留較久的時間，也就更有機會侵犯血管壁。有許多的醫學研究顯示，補充葉酸、維生素B6與維生素B12的受試者比吃安慰劑的受試者有較少的動脈內壁創傷。

●降低罹患癌症的風險

再者，葉酸的攝取和某些癌症也有相當大的關連。談到癌症與維生素的關係，大部分的人較易聯想到維生素A、C、E等三種強抗氧化維生素，然而葉酸和大腸癌、子宮頸癌的發生都有相關，這是因為大腸、子宮頸同屬於分裂快速的細胞，如果葉酸不足，去氧核糖核酸（DNA）進入細胞核後易發生斷裂，導致致癌風險提高。

●減少發生畸胎的機會

最後，值得一提的是：在美國，葉酸的功能已漸漸受到人們（尤其是孕婦）的重視，因為胎兒發育會消耗母親的葉酸，使母親的葉酸不足，而葉酸不足會提高畸胎的機會。中國大陸也開始考慮強迫孕婦食用葉酸，以降低畸胎機會。

建議準備懷孕的婦女朋友，能在孕前、孕期中服用葉酸補充劑，避免葉酸不足所帶來的種種危相。

葉酸缺乏易引發的症狀

葉酸的缺乏相當普遍，即使在今日，葉酸仍是最容易攝食不足的維生素之一，尤其孕婦及老人最需注意。

葉酸缺乏時最先影響的會是紅血球的生成，紅血球的數量不足，且發育也不完全，紅血球體積變大但效能減低而形成巨球性貧血（macrocytic anemia）。

此外因為葉酸和嘌呤的生合成有關，因此一般體細胞在生成時所需要的嘌呤也需要葉酸的幫忙。一旦缺乏，則容易產生生長遲緩的情形。

> **健 康 小 辭 典**
>
> 和貧血有關的營養素
>
> 一般總認為貧血＝缺鐵，確實，缺鐵是造成貧血最主要的原因，但除此之外，只要和紅血球生成有關的營養素缺乏都會導致貧血。參與紅血球生成有關的營養素除了鐵之外，還有維生素B6、B12、葉酸、維生素C、銅和蛋白質等。其中以鐵、維生素B12、葉酸的缺乏較為常見，其所造成的貧血種類分別為「缺鐵性貧血」（鐵）、「巨球性貧血」（維生素B12、葉酸）。

Knowledge

維生素 *B12*（氰鈷胺 cobalamin）

維生素B12又名氰鈷胺

維生素B12是最後被發現的維生素，因為在他的化學式中含有「鈷」這個元素，因此也以「氰鈷胺」命名。

B12需要量非常少（大約2.4微克），缺乏的情形較為少見，所以一直未受到人們的重視。

維生素B12的功能

如同其他的維生素B群般，維生素B12最主要的功能在於維持細胞正常的新陳代謝，除此之外，它也是葉酸在DNA合成時重要的輔酶之一，因此對於細胞生長與血球生成相當重要。另外，維生素B12也影響腦神經細胞髓鞘之形成。

維生素B12的缺乏症一旦發生，代表長期缺乏維生素B12已經4～5年以上了。一般說來，如果三餐正常飲食，我們所攝取的維生素B12的量大約是建議量的二倍，所以維生素B12應該不虞匱乏，況且

維生素B12在肝、腎中皆有部分貯存，所以即使十天半個月沒吃到維生素B12也不會有任何的問題。

此外，維生素B12的作用與葉酸有很大的相關性，許多維生素B12的缺乏會被大量的葉酸攝取所掩飾。所以要產生缺乏症的機會真的少之又少。

維生素B12缺乏易引發的病症

即使人體對維生素B12的需求並不多，但它在人體參與的作用卻相當多樣，主要作用在神經、血液系統上。因此，發生的缺乏症也和血液、神經系統有關，最常出現的缺乏症狀就是貧血及神經系統的傷害。

維生素B12缺乏所引起的惡性貧血，若錯誤診斷為葉酸缺乏，貧血的症狀亦會有些許的改善，但神經炎的部分則反倒有惡化之虞。

怎樣吃維生素**B**最健康?

維生素 *B1* 的建議攝取量

水溶性維生素攝取過多時會由尿液排出,較不會在體內累積而造成毒性,這和脂溶性維生素有很大的不同,也是水溶性維生素共通的特性之一。

由於維生素B群皆與熱量的代謝有關,所以其建議攝取量也和每個人的熱量建議攝取量有關。

維生素B1的建議攝取量約為每人每天1.2毫克。1.2毫克的訂定是以成年男性的平均值來推估,但隨著工作程度及飲食的不同,每增加1000大卡的熱量需求,維生素B1的需求量就必須增加0.4毫克。

各年齡層維生素B1的建議攝取量

●嬰幼兒時期

嬰幼兒時期的B1建議量大約為0.2～0.5毫克。嬰幼兒時期的主要食物來源為母奶,哺餵母奶的嬰幼兒不會有維生素B1缺乏的情形出現。而且,母體是否額外補充維生素B1,並不會影響乳汁中維生素B1的濃度。

●兒童及青少年

兒童及青少年隨著年齡的增加,新陳代謝亦加快,其維生素B1的建議攝取量約為0.5～1.5毫克。目前針對此年齡層的維生素B1攝取量的相關研究非常有限,建議量大約是以每1000大卡需求,應有0.4毫克維生素B1來計算。

●老年人

在老年人的族群中,雖然熱量的攝取減少,但維生素B1的建議量仍維持在一般的水準,主要是因為老年人的代謝利用率較差,因此維生素B1的攝取不因熱量攝取的減少而相對減少。

●孕婦及哺乳婦女

孕、乳婦的熱量建議攝取量大約比一般成年人建議量增加300～500大卡。因有研究顯示，臍帶血中維生素B1的濃度特別高，乳汁排出也增加維生素B1的消耗，因此建議孕婦多攝取0.3毫克，而授乳婦則增加0.5毫克的攝取量。

易缺乏維生素B1的高危險群

●節食者

每天熱量攝取不足1500大卡的長期節食者，或因執行一些減重計畫使得所攝食食物的多樣性變少，可能會造成維生素B1缺乏。

●經常挨餓

維生素B1需每天補充，有一餐沒一餐的吃常會導致缺乏。

●糖尿病友

糖尿病友因為疾病的緣故，會在尿液中排出較多的維生素B1，因而較易導致缺乏。

●腎臟病友

無論是否洗腎，腎臟病友維生素B1的流失都較常發生，但要補充維生素B1製劑時應先和醫師商量。

●疾病或其他原因造成發燒

長期或反覆的發燒會加速維生素B1代謝，因此缺乏的情形較容易發生。

健 康 小 辭 典

- ●建議攝取量：（Recommended Dietary Allowance, RDA）可滿足97%以上的健康人群每天所需要的攝取量。
- ●足夠攝取量：（Adequate Intakes, AI）當數據不足而無法訂出建議攝取量時，以實驗結果演算出來的量。
- ●維生素B群的使用單位：
  B1、B2、B6、菸鹼酸、泛酸的計量單位為毫克（mg）。
  B12、葉酸、生物素的計量單位為微克（μg或以mcg表示）。

Knowledge

維 生 素 B1 的 建 議 攝 取 量 （單位：毫克mg）				
月齡	0～3個月	3～6個月	6～9個月	9～12個月
建議量	0.2	0.2	0.3	0.3

性別	年齡 活動度	1～3	4～6	7～9	10～12	13～16	17～18	19～30
男	低	-	-	-	-	-	1.0	1.0
	稍低	0.5	0.7	0.9	1.0	1.1	1.2	1.1
	適度	0.6	0.8	1.0	1.1	1.2	1.3	1.3
	高	-	-	-	-	-	1.5	1.4
女	低	-	-	-	-	-	0.8	0.8
	稍低	0.5	0.7	0.8	1.0	1.0	1.0	0.9
	適度	0.6	0.7	0.9	1.0	1.1	1.1	1.0
	高	-	-	-	-	-	1.2	1.1

性別	年齡 活動度	31～50	51～70	>70	懷孕 第一期	懷孕 第二期	懷孕 第三期	哺乳期
男	低	0.9	0.9	0.8	-	-	-	-
	稍低	1.1	1.0	1.0	-	-	-	-
	適度	1.2	1.1	1.1	-	-	-	-
	高	1.4	1.3	-	-	-	-	-
女	低	0.8	0.8	0.7	+0	+0.2	+0.2	+0.3
	稍低	0.9	0.9	0.8				
	適度	1.0	1.0	1.0				
	高	1.1	1.1	-				

維生素*B2* 的建議攝取量

和維生素B1相同，維生素B2的需求量也和熱量的攝取有關，大約每1000大卡需要0.55毫克的維生素B2。一些實驗結果顯示，每天維生素B2攝取少於0.5～0.6毫克時，身體便容易有其缺乏症出現。攝取量若大於1.3毫克以上，多餘的維生素B2會經由尿液排泄出去。因此，我國對成人的維生素B2的攝取建議量為男性1.3毫克，女性為1.1毫克。

各年齡層維生素B2的建議攝取量

●嬰幼兒時期

嬰幼兒時期的建議量為每日0.2～0.3毫克。根據調查，正常狀況之下，母乳中維生素B2含量大約為每公升0.35毫克，所以被哺育母乳的初生兒，維生素B2不虞匱乏。

●兒童及青少年

兒童及青少年的維生素B2建議量，是經由成年人的需求量推估而來，依據成長發育需求的熱量不同而逐漸增加，大約為每人每天0.7～1.5毫克。

●老年人

隨著年齡的增加，維生素B2的吸收利用率並不會有任何的變化，和一般成年人類似，每日給予老年人0.6毫克的維生素B2，就可避免缺乏症的發生，若給予超過1.1毫克時，在尿液中就會發現多餘的維生素B2被排出體外。因此，老年人的建議攝取量與成人相同，為每1000大卡0.55毫克。

●孕婦及哺乳婦女

在懷孕的第二、三期，針對孕婦的熱量需求調高為每日多300大卡，維生素B2的建議攝取量也調高為每日多0.2毫克。相同地，哺乳期的婦女所增加的500大卡中應增加維生素B2的攝取量約為0.4毫克。

維 生 素 B2 的 建 議 攝 取 量 （單位：毫克mg）

月齡	0～3個月	3～6個月	6～9個月	9～12個月
建議量	0.3	0.3	0.4	0.4

性別	年齡 活動度	1～3	4～6	7～9	10～12	13～16	17～18	19～30
男	低	-	-	-	-	-	1.1	1.1
	稍低	0.6	0.8	1.0	1.1	1.2	1.3	1.2
	適度	0.7	0.9	1.1	1.2	1.4	1.5	1.4
	高	-	-	-	-	-	1.7	1.6
女	低	-	-	-	-	-	0.9	0.9
	稍低	0.6	0.7	0.9	1.1	1.1	1.0	1.0
	適度	0.7	0.8	1.0	1.2	1.3	1.2	1.1
	高	-	-	-	-	-	1.3	1.3

性別	年齡 活動度	31～50	51～70	>70	懷孕 第一期	懷孕 第二期	懷孕 第三期	哺乳期
男	低	1.0	1.0	0.9	-	-	-	-
	稍低	1.2	1.1	1.0	-	-	-	-
	適度	1.3	1.3	1.2	-	-	-	-
	高	1.5	1.4	-	-	-	-	-
女	低	0.9	0.8	0.9	+0	+0.2	+0.2	+0.4
	稍低	1.0	1.0	0.9				
	適度	1.3	1.1	1.0				
	高	1.3	1.3	-				

易缺乏維生素B2的高危險群

●運動員

運動員對維生素B2的需求會增多，因此缺乏的情形較為常見。

●糖尿病友

糖尿病友因為疾病的緣故，在尿中會排出較多的維生素B2，使得缺乏症較容易發生。

●孕婦及哺乳婦女

每天多0.5毫克的攝取量對孕婦及哺乳婦女而言並不容易辦到，但仍要刻意攝取，否則易發生缺乏。

●老年人

大約有三分之一的老年人有維生素B2缺乏的狀況，部分原因來自於吸收不良及食慾不振。

●酗酒

酒精會使食物的消化吸收率降低。

●牛奶吸收不良

諸如乳糖不耐症的案例，其維生素B2缺乏的風險高於正常人。因為牛奶或奶製品是維生素B2最佳的來源，而東方民族的奶製品普及度尚不夠，維生素B2的缺乏常因此發生。

●使用三環抗憂鬱藥物

藥物常和營養素發生交互影響，三環抗憂鬱藥物會降低維生素B2的吸收率。雖然如此，長期使用此類藥物的病患，請勿自行使用維生素B2製劑進行補充，應遵從醫師處方或建議。

健 康 小 辭 典

酒精的害處

●額外的熱量：每公克的酒精約會產生7大卡的熱量，和每公克脂肪產生的9大卡相去不遠。

●影響營養素的消化與吸收：使胰臟功能受損，干擾維生素B、B2、B12、葉酸、鋅以及氨基酸等的吸收。

●降低營養素的活性：酒精造成的肝毒性會降低維生素A、D、B1、B6、葉酸、鋅、硒、鎂及磷等在體內的功能。

Knowledge

菸鹼酸（維生素*B3*）的建議攝取量

雖然菸鹼酸（維生素B3）的建議量和熱量的來源（醣類、蛋白質、脂肪）的比例有相當密切的關係，但是一般只會根據其攝取總熱量的多寡來決定其需要量，平均每攝取熱量100大卡約需菸鹼酸7～8毫克。也就是說，平均一位成年女性約需菸鹼酸13毫克，而男性則需16毫克。這個建議量並不會因為一時的熱量攝取變少而減低。

菸鹼酸另一項特殊點在於其可由飲食中的蛋白質轉換而來，蛋白質被吃進去體內之後，會被分解成氨基酸，其中有一種氨基酸叫做色胺酸（trypto-phan），色胺酸正是菸鹼酸的前身，每60毫克的色胺酸便可以產生1毫克的菸鹼酸，體內約有一半的菸鹼酸是由其轉化而來的。而衛生單位對菸鹼酸攝取的建議量，卻忽略此一來源，這也是為什麼國人雖然菸鹼酸的攝取量即使不足，仍不見得產生缺乏症的主因。

各年齡層菸鹼酸的建議攝取量

● 嬰幼兒時期

母奶中菸鹼酸的濃度約為每公升1.8毫克，因此，針對初生兒的建議量為每天2毫克。隨著年齡增長，每三個月增加1毫克，直到週歲為5毫克。

● 兒童及青少年

與其他維生素相同，兒童及青少年皆由成人的建議量做修飾而制訂，由週歲的7毫克至青少年後期的14～17毫克。

● 老年人

老年人的熱量需求比起一般成年人降低，菸鹼酸的攝取量理應下修，但由於老年人對菸鹼酸的吸收較成年期低，因此建議攝取量仍維持成年人的標準。

● 孕婦及哺乳婦女

身體的調適使得孕婦的菸鹼酸代謝轉換率變高，但這並不意味就可以忽略菸鹼酸的補充，一般說來，為安全起見，仍依熱量需求的增加而增加菸鹼酸

建議量，因此在懷孕第一期不增加，第二、三期則每日的建議量增加2毫克。授乳婦也因為熱量需求增加，所以攝取較孕婦多，每日的建議量增加4毫克。

易缺乏菸鹼酸的高危險群

由於蛋白質可轉化成菸鹼酸，因此菸鹼酸缺乏並不多見，但以下的族群仍須注意：

●酗酒

幾乎所有的維生素B群功能都會被酒精所拮抗，意味著長期酗酒的人幾乎會缺乏所有的維生素，再加上酗酒者普遍食慾不振，將使缺乏狀況更雪上加霜。

●素食者

色胺酸由蛋白質的分解而產生，如果所攝取的優質蛋白質（魚、肉、豆、蛋、奶類食物所含的蛋白質）不足，則由色胺酸轉化的菸鹼酸也將會不足，易造成缺乏，這在素食的小朋友身上尤其容易發生，應該多注意。

健 康 小 辭 典

認識氨基酸

氨基酸總共有二十多種，是蛋白質分解之後的最小單元。這二十多種氨基酸可分成三大類：

- ●必需氨基酸：所謂的必須氨基酸和維生素一樣，是人體無法自行合成的，必需仰賴食物的攝取。共有色胺酸、離胺酸、甲硫胺酸、纈胺酸、苯丙胺酸、丁胺酸、白胺酸、異白胺酸等八種，動物性蛋白質皆含有此八種氨基酸。
- ●半必需氨基酸：人體可以自行合成，但合成量不夠，在嬰幼兒相當重要，有組胺酸及精胺酸兩種。
- ●非必需氨基酸：人體可自行合成足夠量的氨基酸，其他未在上列者皆是。

月齡	0～3個月	3～6個月	6～9個月	9～12個月
建議量	2	3	4	5

性別	年齡 活動度	1～3	4～6	7～9	10～12	13～16	17～18	19～30
男	低	-	-	-	-	-	13	13
	稍低	7	10	12	13	15	16	15
	適度	8	11	13	14	16	17	17
	高	-	-	-	-	-	20	18
女	低	-	-	-	-	-	11	11
	稍低	7	9	10	13	13	12	12
	適度	8	10	11	14	15	14	13
	高	-	-	-	-	-	16	15

性別	年齡 活動度	31～50	51～70	>70	懷孕 第一期	懷孕 第二期	懷孕 第三期	哺乳期
男	低	12	12	11	-	-	-	-
	稍低	14	13	12	-	-	-	-
	適度	16	15	14	-	-	-	-
	高	18	17	-	-	-	-	-
女	低	10	10	10	+0	+2	+2	+4
	稍低	12	12	11				
	適度	13	13	12				
	高	15	15	-				

泛酸（維生素B5）的足夠攝取量

眼尖的讀者應該發現本章的標題從「建議攝取量」改成「足夠攝取量」了。為什麼呢？因為不像大部分的維生素都有其建議攝取量，泛酸沒有建議量，這是因為對於泛酸這個維生素的研究報告相當有限，而泛酸也不像其他營養素有一個靈敏的指標作為夠或不夠的參考，即使某人某天泛酸吃得很少，體內的血清泛酸濃度降低卻極為微量。

所謂的足夠攝取量意指對現有健康成年人的攝取量推估值。根據國民營養調查得知，國人每天攝取的泛酸總量男性約為5.8毫克，女性約4.6毫克，而美國的數據則為4～10毫克。因此將成人的足夠攝取量定為每天5毫克。

各年齡層泛酸的足夠攝取量

● 嬰幼兒時期

母乳中的泛酸濃度約為每公升2.2～2.5毫克，因此制訂其足夠攝取量為每天1.8毫克，隨年齡逐漸增加至滿週歲為2.0毫克。

● 兒童及青少年

依成人的數據再根據體重做調整，從滿週歲的2毫克增加至青少年後期的5毫克。

● 老年人

並無任何證據顯示，老年人需要調整其足夠攝取量，因此仍維持每日5毫克的攝取量。

● 孕婦及哺乳婦女

在懷孕的期間，某些孕婦會有血液中泛酸濃度降低的情形，因此將其足夠攝取量上修1.0毫克而成為每天6毫克。

授乳婦則需加上由乳汁中流失的量（1.8毫克），因而上修2毫克而成為每天7毫克。

泛酸的缺乏幾乎不會發生，在臨床上也未見有其缺乏症的報告，但長期酗酒者仍須注意。

泛酸 的 足 夠 攝 取 量 (單位：毫克mg)				
月齡	0～3個月	3～6個月	6～9個月	9～12個月
建議量	1.8	1.8	1.9	2.0

年齡 / 性別	1～3	4～6	7～9	10～12	13～16	17～18	19～30
男	2.0	2.5	3.0	4.0	4.5	5.0	5.0
女	2.0	2.5	3.0	4.0	4.5	5.0	5.0

年齡 / 性別	31～50	51～70	>70	懷孕第一期	懷孕第二期	懷孕第三期	哺乳期
男	5.0	5.0	5.0	-	-	-	-
女	5.0	5.0	5.0	+1.0	+1.0	+1.0	+2.0

健 康 小 辭 典

懷孕的分期

　　在懷孕期間，許多營養素的建議量都隨之變動，而也有部分的營養素甚至因懷孕的期數不同而有不同的建議。整個懷孕的過程可分為三期，第一期為第0～3個月、第二期為第4～6個月、第三期為第7～9個月。

　　懷孕第一期可說是準備期，這時母體內分泌開始發生變化，受精卵也開始分化，但體積、重量的增加都相當有限。此期熱量攝取並不需額外增加，體重增加不要超過1公斤。

　　第二孕期時，母體體重會漸漸增加，這時胎兒的長成仍很緩慢，所以此階段所增加的體重大多為增加母體本身。每天熱量約增加300大卡，體重約比懷孕前多4～5公斤。

　　第三孕期時，胎盤和胎兒成長得很快，胎兒的體重增大多在這個階段。每天熱量攝取約增加300大卡，最終目標體重比懷孕前體重多11公斤。

Knowledge

維生素 *B6* 的建議攝取量

如同前文所述，維生素B6的功能中有一大部分在於蛋白質的代謝，以往美國也建議由攝取的蛋白質多寡來訂定維生素B6的建議攝取，每攝取1公克蛋白質，需要0.016毫克維生素B6。但這建議量，經由許多研究檢驗後，發現容易高估，尤其是一些蛋白質攝取較多的族群，高估的情形更嚴重。

現在新的建議攝取量相對地就低多了，也不再以蛋白質的攝取量來衡量評估建議量。新的建議量大約每人每天1.3毫克，如果蛋白質攝取少的族群，仍然需要等量的維生素B6，如果蛋白質攝取量相當高（如運動員等需高蛋白質補充的特殊族群），則須酌量增加維生素B6的攝取。

各年齡層維生素B6的建議攝取量

● 嬰幼兒時期

母乳中維生素B6的的濃度約為每公升0.1毫克，在六個月大之前，維生素B6的建議攝取量約為0.1毫克，若完全以母乳哺育，則約恰等同於建議量。在六個月到足歲的幼兒，依發育的需求，維生素B6的建議量提升為0.3毫克。

● 兒童及青少年

隨著年齡的增加，維生素B6的需求也逐漸上升，在兒童及青少年的時期其建議攝取量約為0.5～1.5毫克。由於這年齡層相關的文獻有限，並不足以決定其建議攝取量，因此，本年齡層的建議量乃以成年人的需要量代換而得。

● 老年人

沒有一個維生素的建議量像維生素B6一般，年齡層越高建議量也越高，目前仍不知原因為何，可能是損耗增多或吸收減弱，一些實驗報告指出，增加維生素B6的攝取，確實可以有效提高血漿維生素B6的濃度，因此，我國對51歲以上的男、女性的維生素B6建議量上修至每天1.6毫克。

● 孕婦及哺乳婦女

　　孕婦及哺乳婦女對維生素B6的需求，不管在懷孕的那一期皆增加0.4毫克。

易缺乏維生素B6的高危險群

● 孕婦及哺乳婦女

　　胎兒及嬰兒每日從母體吸收維生素B6，孕婦及哺乳婦女應記得多補充。

● 素食者

　　牛奶或蔬果含的維生素B6不多，素食者應該多攝取一些堅果類及全穀類來補足。

● 使用口服避孕藥

　　常發現使用此類藥物的婦女，其血液中的維生素B6低於正常值時，應注意補充。

● 酗酒者

　　依統計，酗酒者約有三分之一缺乏維生素B6。

● 長期服用某些藥物

　　某些高血壓、肺結核的用藥及部分支氣管擴張劑會影響維生素B6的吸收，使用類似藥物的病患，應與醫師討論是否該添加補充劑。

維 生 素 B6 的 建 議 攝 取 量 (單位：毫克mg)				
月齡	0～3個月	3～6個月	6～9個月	9～12個月
建議量	0.1	0.1	0.3	0.3

年齡 性別	1～3	4～6	7～9	10～12	13～16	17～18	19～30
男	0.5	0.7	0.9	1.1	1.3	1.4	1.5
女	0.5	0.7	0.9	1.1	1.3	1.4	1.5

年齡 性別	31～50	51～70	>70	懷孕 第一期	懷孕 第二期	懷孕 第三期	哺乳期
男	1.5	1.6	1.6	-	-	-	-
女	1.5	1.6	1.6	+0.4	+0.4	+0.4	+0.4

生物素（維生素B7）的足夠攝取量

和泛酸相同，目前對於生物素的研究相當有限，因此沒有建議攝取量，僅提供足夠攝取量。生物素絕大部分由腸道細菌合成，攝取不足的缺乏症相當罕見。

各年齡層生物素的足夠攝取量

生物素的足夠攝取量的設定是以嬰幼兒時期所攝取的母奶量推估，一般母奶中生物素的濃度約為每公升3.9～12.7微克，平均值6微克，因此訂定初生兒的足夠量為5微克，再依體重變化推算到各年齡層。成人每日足夠量則訂在30微克。

授乳婦由成人足夠攝取量增加5微克而成為35微克，孕婦維持一般成人的足夠量30微克，不做調整。

易缺乏生物素的高危險群

即使生物素的缺乏相當罕見，但仍有些的人應列為高危險群：

● **攝取極低熱量飲食者（very low-calorie diets）**

每日熱量攝取不足1000大卡的減重

健 康 小 辭 典

極低熱量飲食易發生維生素缺乏

無論您的原因是什麼，只要一天攝取的總熱量低於1200大卡，您就有必定有維生素缺乏之虞。

有些減重個案會把每日攝取的熱量減到低於1000大卡，甚至少於500大卡，雖然這樣的減重雖然相當快速，但也相當危險。必須由醫師或營養師定期追蹤，即使如此，也不可長期行之。

Knowledge

者，長期節食之後，容易造成毛髮脫落，這可能就是生物素缺乏的徵兆。

●**食用生蛋白者**

　　長期食用大量的生蛋白（每天10～20顆），足以造成生物素的缺乏，這是因為生物素會被蛋白包起來，阻礙腸胃道吸收生物素，蛋白煮熟之後便會失去此種作用。

●**使用抗生素者**

　　因為長期使用抗生素，腸道的細菌被殺死，細菌所製造的生物素便不敷使用了。

生 物 素 的 足 夠 攝 取 量 （單位：毫克mg）			
月齡	0～3個月	3～6個月	6～9個月	9～12個月

月齡	0～3個月	3～6個月	6～9個月	9～12個月
建議量	5.0	5.0	6.5	7.0

年齡 性別	1～3	4～6	7～9	10～12	13～16	17～18	19～30
男	8.5	12.0	15.0	20.0	25.0	30.0	30.0
女	8.5	12.0	15.0	20.0	25.0	30.0	30.0

年齡 性別	31～50	51～70	>70	懷孕 第一期	懷孕 第二期	懷孕 第三期	哺乳期
男	30.0	30.0	30.0	-	-	-	-
女	30.0	30.0	30.0	+0	+0	+0	+5.0

葉酸（維生素*B9*）的建議攝取量

由於葉酸和半胱胺酸的交互關係，使得美國的漸漸走上「高葉酸」建議量的政策。在以前，美國的葉酸建議量一直都是200微克。但透過研究顯示，葉酸攝取量在320微克時，仍有一半的受試者無法維持正常的血清及紅血球中的葉酸濃度，若每天攝取489微克，則所有受試者皆可達到正常的血液及紅血球葉酸濃度，因而將葉酸的每日建議攝取量上修至400微克。

各年齡層對葉酸的建議攝取量

● 嬰幼兒時期

母乳中所含有的葉酸濃度約為每公升85微克，因此，新生兒的建議攝取量訂在65微克，隨著月齡的增長，足歲時為80微克。

● 兒童與青少年

隨著年齡的增加，葉酸的建議量由1～4歲的每天150微克提高至青春期的每天400微克。

● 老年人

雖然有些研究顯示老年人的葉酸利用率會隨著年齡的增長而變差，但一些客觀的數據（如血清、紅血球中的葉酸濃度）並未如預期般降低。因此，對於老年人的葉酸建議量仍維持與一般成年人相同，每天400微克。

● 孕婦及哺乳婦女

孕婦強制補充葉酸，在中國大陸已成為制度。婦女在懷孕期間的葉酸損耗相當嚴重，研究指出，額外補充100微克的劑型葉酸方能維持孕婦的血清及紅血球葉酸濃度。由於劑型葉酸吸收率高於天然葉酸，每攝取100微克的劑型葉酸相當於攝取200微克的天然葉酸，因此，孕婦的葉酸建議量，上修為一般成年人建議量再加上200微克。而授乳婦女則以每日乳汁流失量做為參考，每日建議量比一般成年人多100微克。

易缺乏葉酸的高危險群

　　葉酸的攝取相當不容易，但如果不注意卻相當容易缺乏，以下列出較容易缺乏的族群：

● 孕婦及哺乳婦女

　　孕婦缺乏葉酸的例子很常見，由食物中攝取足夠的葉酸相當不易，因此，提醒每位孕婦及哺乳婦女皆應適時補充葉酸，以補足懷孕及授乳時的流失。

● 酗酒者

　　就像其他維生素一般，酗酒會阻礙葉酸的吸收，即使食用足夠的葉酸，也會因為吸收不良而缺乏。

● 吸煙者

　　抽煙會降低血中葉酸的濃度，癮君子應多注意。

● 使用口服避孕藥者

　　口服避孕藥的使用會降低所有的維生素B群在血液中的濃度，尤其是葉酸更為嚴重，如果您長期使用此類藥物，應與醫師討論是否補充維生素製劑。

● 65歲以上老年人

　　許多獨居或在護理之家的老人常有葉酸缺乏的情形，有兩個原因可能導致此結果，其一是老年人葉酸的吸收效率降低；其二是所食用的葉酸不足。

葉 酸 的 建 議 攝 取 量 （單位：毫克mg）

月齡	0～3個月	3～6個月	6～9個月	9～12個月
建議量	65	70	75	80

年齡／性別	1～3	4～6	7～9	10～12	13～16	17～18	19～30
男	150	200	250	300	400	400	400
女	150	200	250	300	400	400	400

年齡／性別	31～50	51～70	>70	懷孕第一期	懷孕第二期	懷孕第三期	哺乳期
男	400	400	400	-	-	-	-
女	400	400	400	+200	+200	+200	+100

維生素 *B12* 的建議攝取量

身體內僅需少量的維生素B12，正常的成年人，維生素B12的建議量為2.4微克，這個數字的訂定源於人體內約有0.5微克的維生素B12會從膽汁流失，而維生素B12的吸收率大約為50%，以此推估每人每天攝取2.4微克的維生素B12就足夠維持正常的身體機能。

各年齡層維生素B12建議攝取量

● 嬰幼兒時期

母乳中維生素B12的含量約為每公升0.42微克，因此，訂定的維生素B12建議量為0.3微克，而根據嬰兒體重的變化，上修較大嬰兒的建議量為0.4或0.5微克。

● 兒童期及青少年

因為生長快速，所以對維生素B12的需求也相對增加，不同年齡層分別為0.9～2.4微克，到青少年時期，已與成年人的建議量相同。

● 老年人

老化確實會影響維生素B12的需求量，維生素B12的血清濃度隨著年齡增長而下降，原因可能與腸胃道酸度降低、胃功能萎縮或維生素B12吸收不良有關，這些情形大約佔老年人口的10％～30％。但這類研究，提出的證據仍不足，尚不能為此原因增加維生素B12的建議量，所以針對老年人的建議量仍維持與一般成年人相同的水平，每天2.4微克。

● 孕婦及哺乳婦女

自胎兒期起，就開始從母體每天吸取0.1～0.2微克的維生素B12。出生後的嬰兒也每天從乳汁中攝取0.1微克，因此無論懷孕的任何一期或授乳婦女，每天皆應增加0.2微克的維生素B12的攝取。

維生素B12可由舌頭微血管吸收

維生素B12的建議量中，值得一提的是對腸胃道吸收不良者所具有的效率。

維生素B12缺乏絕少是因為飲食缺乏，大部分的原因是吸收不佳。以前認為，缺乏內在因子的吸收不良，補充再多

的維生素B12也是枉然，但有研究指出，給予較大劑量的維生素B12可以改善因吸收不良造成的維生素B12缺乏症。他們建議的作法是「口含」高劑量（1000～5000微克）維生素B12製劑，神奇地，維生素B12會從舌頭中被人體的小血管吸收。

易缺乏維生素B12的高危險群

●素食者

維生素B12僅出現在動物性的食物中，因此素食的兒童更應該注意。

●大於50歲的老年人

一些老年人的內在因子會完全停止製造，大部分的老年人則會製造減少，這些變化都會影響維生素B12的吸收。

●授乳婦

因為嬰兒自母奶中攝取部分的維生素B12，因此造成缺乏的風險相對提高。

●癮君子

幾乎所有的B群都有相同的情形，吸煙者血中維生素B群的濃度都較低。

●曾做過胃切除手術者

胃部手術會全部或部分切除內在因子的製造功能，缺少內在因子，維生素B12的吸收會出問題。

維 生 素 B12 的 建 議 攝 取 量 （單位：毫克mg）				
月齡	0～3個月	3～6個月	6～9個月	9～12個月
建議量	0.3	0.4	0.5	0.6

年齡／性別	1～3	4～6	7～9	10～12	13～16	17～18	19～30
男	0.9	1.2	1.5	2.0	2.4	2.4	2.4
女	0.9	1.2	1.5	2.0	2.4	2.4	2.4

年齡／性別	31～50	51～70	>70	懷孕第一期	懷孕第二期	懷孕第三期	哺乳期
男	2.4	2.4	2.4	-	-	-	-
女	2.4	2.4	2.4	+0.2	+0.2	+0.2	+0.4

維生素B在哪裡？

聰明獲得維生素B1

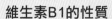

維生素B1的性質

維生素B1在酸性的環境中相當穩定，即使長時間加熱也不會破壞，但相對的在鹼性或中性的環境中穩定性較差。其次，眼尖的讀者應該發現許多的維生素製劑都裝在深褐色的罐子或不透光的塑膠罐中。這是因為以維生素B1為首的許多維生素都容易受光破壞，因此需使用避紫外光的方式保存。

維生素B1的食物來源

研究發現維生素B1引起的腳氣病在食用糙米的族群並不曾發生，因為米糠中含有非常豐富的維生素B1。然而，不只如此，許多的食物也含有相當豐富的維生素B1，甚至在某些麵粉中已增加強化的維生素B1，因此，即使是「速食」

主義者也很少發生維生素B1缺乏現象。

維生素B1缺乏的情形在台灣光復前後相當常見，但在民國六十年以後便逐漸減少且罕見，在最近一次的全國營養調查中，國人的平均維生素B1攝取量大約等同於建議量，但在13～18歲的女性則大約只有0.97毫克，比之建議量略少。

麩皮、葵花子、全穀類及幾乎所有的堅果類都是維生素B1的極佳來源，其他像橘子、葡萄乾、蘆筍、馬鈴薯、牛奶等也有相當豐富的維生素B1。

肉類中，動物的肝臟擁有豐富的維生素B1，牛肉、雞肉當中也有一些。

讓維生素B1無效化的物質

但是，含有酒精或單寧酸（泡太久的茶中有許多單寧酸）的飲料會破壞維

生素B1，讓所吃的維生素B1無效化。另外，一些食物中會添加一些亞硫酸鹽來做為防腐劑（大部分使用在沙拉吧的蔬果保鮮，一些包裝食品也會添加，謹慎檢查食物標籤就可以知道），這些亞硫酸鹽也會破壞維生素B1。

需要補充維生素B1製劑嗎？

一些人會使用一些維生素的製劑，但由國人的飲食狀況來看，除非有特殊需求，否則是不需額外補充的，我們的身體並不會儲存維生素B1，過多的維生素B1的攝取會由尿中排出體外，也因此，您需要每天都攝取足夠的維生素B1。

吃太多維生素B1會中毒嗎？

過多的維生素B1並不具毒性，在實驗中每天攝取200～300毫克（這是建議量的200倍）的維生素B1對身體仍無不良影響，不過每天攝取如此巨量的維生素B1，除了花錢之外其實是沒有必要的。

食物 中 維 生 素 B1 的 含 量		
食物	量	維生素B1含量（毫克）
全麥	100克	0.36～0.5
糙米	100克	0.5
白米	100克	0.03
米糠	100克	2.3
牛肉	37.5克	0.2
羊肉	37.5克	0.07
豬肉	37.5克	0.3
豆類	100克	0.4～0.6
牛奶	240c.c.	0.15

健 康 小 辭 典

糙米中維生素B1的含量

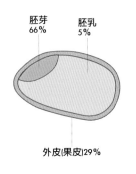

胚芽 66%　　胚乳 5%

外皮(果皮)29%

聰明獲得維生素$B2$

維生素B2的性質及保存

　　金黃色的維生素B2相信大家並不陌生，當維生素加在汽水中之後，只能用褐色的保特瓶來裝，因為它的性質和維生素B1類似，對紫外線沒有抗性。

　　維生素B2的結晶在酸性環境中相當穩定，也不容易被高熱破壞，約在280℃時才會開始分解，在鹼性的環境中則較不穩定。

國人攝取維生素B2概況

　　國人對維生素B2的攝取有逐漸增加的趨勢，在三次的全國營養調查中，民國七十年的平均攝取量為0.9毫克，約為建議量的75%。民國七十七年則增加為1.03毫克，約為建議量的84%。最後一次（民國85年）則僅有13～18歲的青年男女未達建議攝取量（如附表）

個 人 攝 取 維 生 素 B2 概 況			
性別	年齡	平均值	佔建議量百分比
男	13～18	1.4	96.49
	19～44	1.33	109.44
	45～64	1.17	100.92
女	13～18	1.08	89.73
	19～44	1.14	123.36
	45～64	1.10	122.62

健 康 小 辭 典

米和麥的構造

米

外桴　　胚乳　　外皮（果皮）

胚芽　　　澱粉層

麥

空隙　　胚乳

胚芽　　種皮與果皮

維生素B2的食物來源

維生素B2含量最為豐富的食物莫過於牛奶了，不論是鮮奶、優酪乳、起士，甚至冰淇淋都含有非常豐富的維生素B2。

其次，在肉類中，動物的肝臟也擁有非常豐富的維生素B2。蔬菜含有的維生素B2較不明顯，其中含量較多的蔬菜有蘆筍、菠菜及菇類蔬菜。和維生素B1相同，有些麵粉其實在製作過程中就強化了維生素B2的含量。

食 物 中 維 生 素 B2 的 含 量		
食物	量	維生素B2含量（毫克）
乳酪	100克	0.3～0.7
蛋	一個	0.2
菠菜	100克	0.2～0.4
牛奶	240c.c.	0.3～0.4
豬肉	37.5克	0.03～0.1
牛肉	37.5克	0.03～0.1
豆類	100克	0.18
白米	100克	0.06～0.09
動物肝臟	37.5克	1.5

如何補充維生素B2

除了一些特殊個案需要特別補充之外，大部分的人從飲食中就可以獲取足夠的維生素B2，只有素食者及運動員則是較須多注意的族群。

若真想補充維生素B2，建議補充綜合維他命較為有效率，因為綜合維生素可以相互強化吸收。單劑量的維生素B2吸收利用率相當差，約只有15%，如果空腹食用則效果更差，建議將維生素B2與餐併服會有較佳的吸收率。

吃太多維生素B2會中毒嗎？

有限的研究告訴我們，服用高劑量的維生素B2對人體並無任何不良影響，這可能是因為人體腸胃道對維生素B2的吸收有限，且腎臟對維生素B2的排泄也相當迅速有關。

吃過維生素製劑的讀者應該有經驗，吃了維生素B2之後，2小時之後的尿液就會因為維生素B2的排出而呈現金黃色。因此，維生素B2並沒有攝取過量導致中毒的問題。

聰明獲得菸鹼酸（維生素 *B3* ）

菸鹼酸的性質

　　菸鹼酸的性質相當的不穩定，和葉酸相當類似，容易受熱破壞，對光、鹼也都有反應，唯有在弱酸的環境之下呈現相對的穩定性。所以避光、遠離熱源或鹼性環境是保存菸鹼酸的方式。

國人攝取菸鹼酸概況

　　根據國民營養調查發現，國人每日所攝取的菸鹼酸男性平均為16.2毫克，女性平均為11.8毫克，看起來雖然女性可能有攝取不夠的情形，但前文提過，色胺酸在體內會轉變成菸鹼酸，雖然營養調查沒有統計國人的色胺酸攝取量，但是推測國人的平均菸鹼酸攝取量應足夠。

菸鹼酸的食物來源

　　含有菸鹼酸的食物相當廣泛，特別是肉、魚、家禽、蛋和全穀類的含量相當豐富。

　　而且幾乎有蛋白質的食物就會含有色胺酸，牛奶和蛋的含量相當豐富。其次，植物性的堅果類也含有相當可觀的菸鹼酸。

　　一般而言，除非是特殊個案，在日常飲食中都能攝取足夠的菸鹼酸，即使菸鹼酸攝取得不足，但因來自色胺酸的轉化，其實也不虞匱乏。因此，絕大多數人並不需要單獨的菸鹼酸補充，如果真有菸鹼酸的缺乏，大概也意味著其他B群維生素也相對缺乏了。

食　物　中　菸　鹼　酸　的　含　量		
食物	量	菸鹼酸含量（毫克）
鮪魚罐頭	37.5克	4.5
鮭魚	37.5克	4.0
動物肝臟	37.5克	3.1
牛奶	240c.c.	0.2
糙米	100克	6.7
魚類（平均）	37.5克	3.0
蔬菜	100克	<1

吃太多的菸鹼酸會中毒嗎？

前文曾經提到菸鹼酸對降低膽固醇有其功效，但在臨床上實際運用的並不多，最主要的原因是菸鹼酸也有上限攝取量的訂定。不必吃太多，部分反應較敏感的人大約攝取100毫克以上的菸鹼酸就會有心灼熱、頭痛及噁心的感覺，當攝取量在3,000毫克以上時則會有消化道及肝臟機能障礙的情形出現。

菸鹼酸的上限攝取量

衛生署對菸鹼酸的上限攝取量建議如附表：

目前仍無任何文獻發現攝取天然食物有菸鹼酸中毒的問題，一般民眾在正常的飲食下沒有過量的風險。

健康小辭典

菸鹼酸與癩皮病

一九一五年的美國南部，許多的黑人得到一種怪病，皮膚紅、裂及腹瀉，嚴重者甚至精神錯亂。這種疾病被稱為癩皮病。在當時，醫師們普遍認為癩皮病是傳染病，是因為髒亂的環境所造成，且也找不到有效的治療方式。後來發現有些衛生環境不錯的地方也有幼兒罹患此種疾病，這些幼兒飲食上缺乏肉類及奶類，於是科學家們才將研究箭頭逐漸指向營養缺乏，終於發現癩皮病的病因是缺乏菸鹼酸所造成。於是美國政府在麵粉與玉米粉中添加菸鹼酸，並且教育人民改善飲食。在最初發生癩皮病當年，全美有二十萬人的病例，一萬多人因此喪命，到了一九四五年，由於營養宣導的成功，癩皮病便成為稀有疾病了。

菸 鹼 酸 的 上 限 攝 取 量							
年齡層	1～3歲	4～6歲	7～9歲	10～12歲	13～18歲	>19歲	懷孕期	哺乳期
上限量	10毫克	15毫克	20毫克	25毫克	30毫克	35毫克	35毫克	35毫克

聰明獲得泛酸(維生素*B5*)

泛酸的性質

　　泛酸是一種黃色的黏性物質，容易受酸、鹼、熱的破壞而失去活性。

泛酸的食物來源

　　泛酸之所以稱為泛酸，是因為其存在相當廣泛，不論葷素都含有泛酸，其中以動物內臟、鮭魚、蛋、豆、牛奶及全穀類是最好的食物來源。泛酸也被稱為「抗壓維生素」，因為許多有關減壓的賀爾蒙生成都需要泛酸幫忙，但如果已身處壓力下，服用泛酸並不會特別有效。

泛酸的副作用

　　就如同泛酸沒有建議攝取量般，沒有上限攝取量，因此，泛酸的補充相當安全，但曾經有過報導每天攝食10～20公克則會有拉肚子的現象，除此之外，則無相關的副作用的報導。不過，也沒有任何報導指出額外補充泛酸有任何的好處。

食 物 中 泛 酸 的 含 量

食物	量	泛酸含量（毫克）
動物肝臟	37.5克	3
蛋	一個	1.08
海水魚	37.5克	0.1～0.3
地瓜	100克	0.6
豬肉	37.5克	0.2
牛奶	240c.c.	1.2
豆類	100克	0.14
雞腿	一支	1.32
全穀類	100克	2.6

健 康 小 辭 典

泛酸和膽固醇

　　惡名昭彰的膽固醇其實對人體相當重要，他是合成性賀爾蒙、腎上腺皮質素的重要材料。膽固醇在肝臟中合成，係由許多個乙醯輔酶A連結而成。而乙醯輔酶A正是由泛酸所組成。

Knowledge

聰明獲得維生素 *B6*

維生素B6的性質

維生素B6是一種無色的結晶體，其性質和維生素B1相同，抗酸、抗熱，但在紫外光、及鹼性環境中則相當容易被破壞。

國人攝取維生素B6概況

國人對維生素B6的攝取量大約為男性平均每天1.47毫克，女性每天平均為1.19毫克，這些攝取量約相當於每日的建議量。但由於近年來維生素B6被發現與心血管疾病有許多的相關性，雖然國人已剛好到達建議的攝取量，但站在積極保護心臟血管的立場，仍有進步的空間。

維生素B6的食物來源

最佳維生素B6的來源幾乎都是優質蛋白質，諸如雞、豬、魚、奶、蛋、牛等都含有非常豐富的維生素B6，雖然奶、蛋的維生素B6含量雖不如其他的肉類多，但仍算是極佳來源。

和維生素B1、B2相同，維生素B6也常被添加在麵粉當中。植物性食品所含的維生素B6相對較低，蔬菜中菠菜、白花菜、青花菜含維生素B6較多，其他的植物性來源還有馬鈴薯、芒果、香蕉、豆類及堅果類等。

食 物 中 維 生 素 B6 的 含 量		
食物	量	維生素B6含量（毫克）
米糠	100克	2.91
白米	100克	2.79
胡蘿蔔	100克	0.7
魚類	37.5克	0.15
肉類	37.5克	0.1
牛奶	240c.c.	1
動物肝臟	37.5克	0.3
鮪魚罐	37.5克	0.12
菠菜	100克	0.22
豆類	100克	0.1
香蕉	一根	0.66

吃太多維生素B6會中毒嗎？

維生素B6是少數吃多了會有中毒的水溶性維生素之一，臨床報告發現，若長期服用高劑量維生素B6會引起嚴重的末稍神經系統病變，發生這些症狀後，只要不再額外食用維生素B6，症狀就會緩解且消失。但民眾可以放心，食物中天然的維生素B6則沒有中毒之虞。

維生素B6的上限攝取量

為了方便民眾遵從，衛生署在營養素建議量中，額外加了維生素B6上限攝取量，在不大於上限攝取量的情形之下，無論是來自天然食物或補充劑，都可以安心食用。

維生素B6的上限攝取量如下表：

健康小辭典

上限攝取量（tolerable upper intake levels, UL）

所謂「上限攝取量」是指營養素或食物成分的每日最大攝取量，此量即使長期攝取，對健康的絕大多數人都不至於引發危害風險，對最敏感者的危害風險也極低；逾此上限則不良效應的機率增大。此量通常已經超過建議量，雖然人體基於生物本性可以耐受大量營養素，但超越上限的作法絕非理想，也不宜推薦。

〈摘自行政院衛生署出版「國人膳食營養素參考攝取量及其說明」2003.09〉

維 生 素 B6 的 上 限 攝 取 量						
年齡層	1～3歲	4～7歲	10～13歲	16～18歲	>19歲	懷孕期	哺乳期
上限攝取量	30毫克	40毫克	60毫克	80毫克	80毫克	80毫克	80毫克

聰明獲得生物素（維生素*B7*）

生物素的性質

生物素是一種水溶性化合物，在體內大部分以結合蛋白質的形式存在，之後以生物素結合離胺酸的複合體被吸收，然後再被分解成生物素。

生物素的食物來源

在許多食物當中都含有生物素，尤其以動物的肝臟、酵母、蛋黃、堅果和全穀類都是極佳的食物來源。

生　物　素　的　食　物　含　量		
食物	量	生物素含量（微克）
香蕉	一根	6
豬肝	112.5克	108
酵母	112.5克	99
蛋	1個	10
燕麥	1杯	9
花生醬	2匙	12
糙米	半杯	9
白米	半杯	2

生物素在腸道中亦可合成，在蛋黃中的生物素相當重要，因為其含量足以中和蛋白中的抗生物素，因此，除了把蛋煮熟之外，蛋白蛋黃一起吃也是避免生物素被拮抗的方法之一。

吃太多生物素會中毒嗎？

如同泛酸一樣，生物素既沒有建議攝取量，也就沒有上限攝取量。

臨床上，曾有過報告每天食用生物素10～100毫克（約為足夠攝取量的1000倍），並沒有發生任何不良副作用，可見得生物素相當安全。

聰明獲得葉酸（維生素 *B9*）

葉酸的性質

不同於大部分的維生素B群不易受熱破壞，葉酸非常容易因為加熱而失去其活性，而且在紫外光、氧化劑及鹼性的環境下都非常容易被破壞，在弱酸的環境下則相對穩定，葉酸和菸鹼酸堪稱是最容易被破壞的維生素B。

國人葉酸補充具迫切性

國人的食物成分資料庫中，葉酸的分析並未全面，因此，國人的葉酸的攝取量並無準確的數值，只能推估每天平均攝取量約250～300微克，僅佔建議攝取量（400微克）的75%。

近年來對於葉酸的研究，發現其對心血管疾病的防治有助益，因此，葉酸的補充應為B群中最為急迫且必要的。

葉酸的食物來源

葉酸，顧名思義就是在葉子中所含有的酸性物質，因此，在動物性食品中含量微乎其微，肝臟是唯一含葉酸較豐富的動物性食品。牛奶中幾乎完全不含葉酸。

植物性的食物中其實也沒有想像中的多量，最好的食物來源為豆類食物，葉菜類則以菠菜為首，含量不低，其他如蘆筍含量也不差。

水果的葉酸含量相當有限，香蕉、橘子、香瓜等是較好的選擇。

食　物　中　葉　酸　的　含　量		
食物	量	葉酸含量（微克）
小麥	100克	150
香蕉	一根	22
胚芽米	100克	44
動物肝臟	37.5克	70
雞肝	37.5克	220
全麥麵包	一片	14
牛肉	37.5克	5
豬肉	37.5克	5
綠色蔬菜	100克	9

由飲食獲取足夠葉酸並不容易

即使您常吃青菜，要在日常飲食中獲取足夠的葉酸仍然相當不容易，這是因為腸胃道對葉酸的吸收量大約只有攝取量的一半，而葉酸又怕熱，容易被高溫的烹調破壞，再加上水溶性維生素隨水流失的特質，水煮後的蔬菜其葉酸常常就消失了。

在美國，葉酸的攝取和台灣差不多，但美國推行穀類食品中添加葉酸，已經見到效果；但在台灣，一切才剛剛開始。

多食維生素C以保障葉酸攝取

講到葉酸，不能不提維生素C。前文曾經提到，葉酸在弱酸環境下有較好的穩定度但也容易被氧化劑氧化破壞，維生素C剛好解決了這個問題。

維生素C提供一個弱酸的環境，而且它亦是抗氧化劑，因此，有些學者認為，應該提高維生素C的攝取量至每天500毫克，以保護這些容易受傷的維生素（維生素C的建議攝取量為每天100毫克）。

葉酸的上限攝取量

美國的強化葉酸政策，並沒有人因為葉酸的攝取過多而中毒，葉酸和維生素B12的缺乏都會造成巨紅血球性貧血，因此，過多的葉酸攝取，有時候會掩飾了維生素B12的缺乏所造成的巨紅血球性貧血，導致維生素B12的缺乏沒有被發現而延誤治療時機，可能造成無法恢復的神經障礙。因此，衛生署對葉酸也訂了上限攝取量，詳見附表。

吃太多葉酸會中毒嗎？

雖然，對於葉酸的上限攝取量，有一定的限制，但曾有研究顯示對受試者連續使用葉酸每天10毫克（10000微克），並沒有不良症狀發生。

由於維生素B12的缺乏症相當罕見，基於瑕不掩瑜的考量，筆者認為應適當補充葉酸，畢竟心血管疾病、癌症比維生素B12的缺乏症容易發生，也更嚴重。

葉　酸　的　上　限　攝　取　量								
年齡層	1～3歲	4～6歲	7～9歲	10～12歲	13～15歲	16～18歲	＞19歲	懷孕期	哺乳期
上限量（微克）	300	400	500	700	800	900	1000	1000	1000

聰明獲得維生素 *B12*

維生素B12的性質

　　維生素B12是一種紅色的結晶，對於強酸和鹼都不穩定，也容易被紫外光所破壞。但在高溫環境下仍會維持其活性。

維生素B12會缺乏嗎？

　　雖然國人對維生素B12的攝取情形尚無資料，但根據美國人民的維生素攝取情形來看，絕大多數人在日常飲食中都能攝取到足量的維生素B12。

維生素B12的食物來源

　　自然界只有微生物具有維生素B12的合成能力，因此，植物性食品幾乎不含維生素B12，除非該植物受微生物感染。

　　動物性食品中又以肝臟的含量最為豐富，而所有的肉類及蛋含量也不錯，牛奶中維生素B12的含量就較差了，另外，人體的腸內菌所合成的維生素B12也有機會被人體所吸收利用。

　　從以上資料中不難發現，素食者該是維生素B12缺乏的危險群，由於素食的食物幾乎完全不含維生素B12，即使黃豆及其製品中有一些，但仍非常可能缺乏。因此，建議素食者平常就應該補充維生素B12，尤其小朋友如果吃素，補充維生素B12更有其急迫性。

食　物　中　維　生　素　B12　的　含　量		
食物	量	維生素B12含量（微克）
牛肉	37.5克	0.7～1
蛋	一個	0.4
動物肝臟	37.5克	25.0
鮪魚罐頭	37.5克	0.9
牛奶	240c.c.	0.9

維生素B12缺乏時該如何補充？

　　維生素B12的攝取缺乏雖然不常發生（一部分原因在於其需求量非常微量），但在臨床上卻常發現仍有許多維生素B12缺乏的個案，其問題不是出在攝取不

足，而是吸收不良。吸收不良的原因大部分源於內在因子的缺乏，針對這些內在因子缺乏的情形，除了用口含維生素B12補充劑，由舌頭吸收之外，高劑量（1000～2000微克）的吞服也是一種可行的辦法，實驗證實，在高劑量的補充之下，即使沒有任何內在因子也會被腸道所吸收。

在1920年就發現嚴重惡性貧血的病患，每天吃1磅的生牛肝會即可改善病情，聽起來相當噁心，幸好現在已有維生素B12補充劑問世，不必再忍受生食牛肝的痛苦。一般而言，維生素B12的補充劑劑量大約為100～500微克，雖然這大於建議量許多，但不必擔心，就像大部分的水溶性維生素一樣，維生素B12並無過量之虞。

維生素B12易被其他維生素破壞

值得一提的是，維生素B12相當容易被維生素C所破壞，甚至於維生素B1也對維生素B12有破壞作用，尤其在菸鹼酸胺存在的情形下，這些破壞的情形更為明顯，因此，在挑選補充劑的時候應該多注意，如果製程中有所忽略，則維生素B12的量，常會因為被其他維生素破壞而所剩無幾。因此選購維生素B12補充劑可考慮選擇不含維生素B1、菸鹼酸及維生素C的製劑。

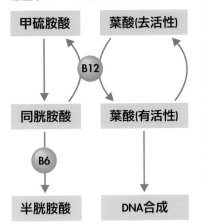

健 康 小 辭 典

維生素B6、B12及葉酸的互動

由上圖，維生素B12可活化葉酸，所以可以強化葉酸保護心臟血管的功能，而且維生素B12有助於將會破壞心臟血管的同胱胺酸分解成無害的甲硫胺酸。維生素B6則可將同胱胺酸分解成半胱胺酸。三者聯合，對我們的心血管系統有極大俾益。

附錄：維生素B群總表

名稱	性質	生理作用	缺乏症	含量多的食物
維生素B1	o耐熱、酸 x不耐鹼、光	●促進消化液分泌。 ●增進食慾、調節神經系統。 ●作為糖類代謝的輔酶。	●體重減輕、食慾變差。 ●消化不良、腳氣病、多發性神經炎、便秘、浮腫。	全穀類 豆類 肝臟 豬肉 牛奶
維生素B2	o耐熱、酸 x不耐鹼、光	●促進發育。 ●參與糖類、蛋白質、脂質代謝。	●口唇炎。 ●口角炎。 ●角膜炎。	肝臟 酵母 牛奶
菸鹼酸	o耐熱、酸 x不耐鹼、光	●參與糖類及脂肪的代謝。 ●維持神經完整。 ●協助血液循環。 ●維持皮膚及腸胃道的健康。	●癩皮病。 ●舌炎。 ●神經障礙。 ●腸胃病。 ●皮膚炎。	酵母 肝臟 魚、肉、豆類 深色蔬菜
泛酸	x不耐酸、鹼、熱	●參與糖類、蛋白質、脂肪的代謝。 ●調節免疫反應。 ●增加好的膽固醇。	●四肢麻痛。 ●頭痛。	酵母 肝臟 魚、肉、豆類 牛奶
維生素B6	o在酸中安定 x被光分解。	●參與蛋白質代謝。 ●維持皮膚完整性。	●生長遲緩。 ●皮膚炎。 ●口腔黏膜炎。 ●貧血。 ●末稍神經病變	酵母 肝臟 魚、肉、豆類 蛋
葉酸	o弱鹼環境下安定。 x強酸、氧化劑、光環境下被分解。	●核酸生成。 ●紅血球生成。 ●身體成長。 ●發育促進。 ●維持腸胃黏膜。	●貧血。 ●抵抗力降低。 ●口腔內膜炎。	酵母 肝臟 豆類 深黃、綠色蔬菜 蛋黃
維生素B12	o弱酸、熱安定。 x強酸、鹼性及光環境下不安定。	●抗貧血。 ●參與脂質、蛋白質及核酸生成。 ●維持神經系統的完整。	●惡性貧血。 ●運動失調。 ●口、舌炎。 ●味覺障礙。	肝臟 魚、肉類 蛋

Easy cooking

維生素B
優質食譜

食物，除了維持生命，帶來飽足，也為人帶來活力。

8種食材介紹，16道簡易做法，讓你耐壓、少焦慮而且元氣十足。

- 全穀類
- 牛奶
- 內臟類
- 雞蛋
- 蘆筍
- 花生
- 酵母
- 菇蕈類

維生素 B
Easy
cooking

全穀類

糙米	■ B1　0.38mg/100g	■ 菸鹼酸　5.5mg/100g
	■ B2　0.06mg/100g	■ B6　0.17mg/100g

食材簡介 白米輾製過程中保留麩皮及胚芽的穀類稱為全穀類，包括了糙米、全麥、燕麥等。一顆收成的穀類可分為3個部分：種皮(麩皮)、胚芽及胚乳，糙米是穀類去除了外殼，保存內層麩皮、胚芽及胚乳；胚芽米則保留了胚芽及胚乳；白米則是將麩皮及胚芽全部去除，只留下最內層的胚乳。在營養學上，穀類中的維生素、礦物質、纖維質及油脂(胚芽油)大都存在於麩皮及胚芽中，胚乳除了澱粉及少量的蛋白質，其他營養素含量少。

全穀類的纖維含量高，能調整腸內菌叢生態，改善便秘。全穀類耐嚼，容易有飽足感，對於體重控制或是改善血糖值，都有意想不到的效果，但對於習慣吃白米飯的人，會覺得全穀類口感不佳，此時應該循序漸進的在白米中加入全穀類，最後再全部取代。

全穀類最常使用的為糙米，糙米除了含豐富的維生素B群外，也含有豐富的鎂及磷，是建造骨本的重要礦物質。

營養師小叮嚀：全穀類含有麩皮及胚芽，容易腐敗不易儲存，所以不建議一次購買大量。買回來的全穀類可存放於冰箱中，延長保存期限。

① 銀魚雜糧拌飯

② 海鮮糙米薏仁粥

■ **材料**：五穀米(黑糯米5克、糙米25克、麥片10
克、薏仁15克、胚芽米25克)、蝦皮5克、吻仔魚
10克、蔥花3克、沙拉油3大匙。

■ **做法**：

1. 五穀米泡水隔夜，洗淨後加100C.C水入電鍋煮
熟。

2. 起油鍋，分別入蝦皮及吻仔魚炸酥。

3. 煮熟的飯加入蝦皮略拌，食用前灑上吻仔魚及蔥
花。

■ **材料**：糙米15克、薏仁15克、白米20克、乾干貝2
個、花枝30克、蝦仁50克、芹菜5克、蔥5克。

■ **材料**：鹽1/2小匙、白胡椒粉少許。

■ **做法**：

1. 糙米、薏仁泡水2小時，加入白米洗淨

2. 干貝加酒蒸30分鐘，取出放涼搓絲，蝦仁挑腸
泥、花枝洗淨刻刀花，芹菜去葉洗淨、蔥洗淨切
末。

3. 鍋中倒入1杯水，加入糙米、薏仁、胚芽米、干貝
絲熬煮成粥，續入花枝、蝦仁略煮後調味，食用前
灑上芹菜及蔥末。

Easy cooking 全穀類食譜

牛奶

■ B1 0.04mg/100g　■ 菸鹼酸 0.2mg/100g　■ B12 0.11mg/100g
■ B2 0.17mg/100g　■ B6 0.01mg/100g

食材簡介 在人類食物中，牛奶是「最接近完善」的食品，它含有豐富動物蛋白和人體需要的氨基酸、維生素、礦物質、鈣質等多種營養成分，牛奶中含有的脂肪顆粒微小，呈高度乳化狀態，易消化吸收，蛋白質中含有人體生長發育所必須的氨基酸，消化率可達98～100%，為完全蛋白質，牛奶中的碳水化合物為乳糖，對幼兒的智力發展非常重要，乳糖有利於鈣的吸收，可預防小朋友佝僂症及中老年人骨質疏鬆症的發生。維生素則以維生素A及B2的含量最高。

其實牛奶本身的鈣已經足夠人們的需求，牛奶中的含鈣量，每100c.c中約含有100毫克鈣，且所含的鈣為天然鈣，與蛋白質結合後，易於人體吸收，其吸收率約為70%，近年來有「高鈣」牛奶問世，添加的是化學鈣，人體對其吸收率約有30～40%，化學鈣較容易在人體沉積，飲用時須注意。

營養師小叮嚀： 牛奶會明顯的影響人體對藥物的吸收。因為牛奶容易在藥物的表面形成一個保護膜，使牛奶中的鈣、鎂等礦物質與藥物發生化學反應，影響藥物的吸收與釋放，所以不建議以牛奶代替白開水服藥。

1 鮮奶酪

2 薰衣草鮮奶

■**材料**：低脂鮮奶260克、鮮奶油104克、糖32克、吉利丁片6克(3片)、薄荷葉少許。

■**做法**：

1. 鮮奶加鮮奶油以小火(70℃)煮至冒煙，續加糖煮溶(80℃)，最後加入泡冰水的吉力丁片，熄火，倒入模型中，放入冰箱冷藏。

2. 食用前擺上薄荷葉裝飾。

■**材料**：低脂牛奶500C.C、薰衣草0.5克。

■**做法**：

1. 牛奶加入薰衣草，隔水加熱至微溫即可盛杯。

Easy cooking 牛奶食譜

內臟類

豬肝	■B1 0.32mg/100g	□菸鹼酸 12.6mg/100g	
	■B2 4.28mg/100g	■B6 1.32mg/100g	■B12 25.6mg/100g

食材簡介 這裡所指的內臟類，廣泛包括豬肝、豬腰、雞肝、雞心等，豬肝富含維生素A、B群及鐵、泛酸，泛酸是一種可以抗壓的維生素；豬腰含有蛋白質、脂肪、鈣、磷、鐵及多種維生素等營養成分，中醫認為，豬腰甘鹹而平，有補腎氣、利膀胱的功效。雞肝與雞心則富含保有水嫩肌膚的營養素—維生素A、B群及鐵。

選購時必須購買有產品驗證的肉品，現在許多動物都是人工強迫餵食化學藥劑，那些藥物會殘留在動物體內，使我們吃下動物內臟，順便把藥物、毒物吃下腹，所以應小心選擇。

營養師小叮嚀：炒豬肝前用白醋略醃，可使豬肝爽脆，且不滲血水。

豬腰切片後，加少許白醋，用水浸泡10分鐘，會使腰花變大，不易滲血水，炒熟後鮮嫩爽口。

❶ 麻油腰花

❷ 豬肝蚵仔麵

■ **材料**：豬腰150克、老薑3片、九層塔2克、麻油2
小匙。

■ **調味料**：鹽適量、酒1小匙。

■ **做法**：

1. 豬腰洗淨橫切去白筋，漂水去腥味，切菱形片備
用。

2. 起鍋燒熱，倒入麻油、老薑爆香，加入豬腰大火快
炒，加鹽及酒調味，起鍋前再下九層塔拌炒即可。

■ **材料**：豬肝60克、青蚵50克、太白粉1大匙、麵線
40克、蔥花少許、芹菜末少許。

■ **調味料**：鹽1/3小匙、胡椒粉少許、油蔥酥4克、高
湯200C.C。

■ **做法**：

1. 豬肝洗淨切片，青蚵洗淨，抓少許太白粉川燙備
用。

2. 麵線煮熟，置碗中備用。

3. 高湯燒開放入鹽、豬肝、青蚵煮至沸騰熄火，盛裝
置碗中，灑上蔥花、芹菜、胡椒及蔥酥。

Easy cooking 內臟類食譜

雞蛋

■B1 0.05mg/100g	■B6 0.07mg/100g
■B2 0.48mg/100g	■B12 0.36mg/100g

食材簡介 日常生活中，雞蛋是不可或缺的食品，一顆雞蛋可以孵出一隻活生生的小雞，可見其營養豐富又全面。雞蛋中鈣、磷、鐵和維生素A含量高，維生素B群更是豐富，還含有多種人體必需的微量元素，是小孩、老人、產婦以及肝炎、結核、貧血患者、手術後病人的良好補品。所含的脂肪，呈乳化狀態，易被消化、吸收。含有卵磷脂、卵黃素，對神經系統有很大補益，卵磷脂可延緩老年人智力衰退，預防老年癡呆。所含的蛋白質質量高，卵白蛋白及卵黃磷蛋白均是上品，卵球蛋白是嬰幼兒生長發育的必需品。雞蛋中的鐵、鈣，是造血、長骨的必要元素。

雞蛋的吃法多樣，就營養的吸收和消化率來說，煮蛋為100%，炒蛋為97%，生吃為30～50%，可見水煮蛋是最佳吃法。可是對老年人及兒童來說，則以蒸蛋或蛋花湯最適合，因為這兩種做法能使蛋白質鬆解，易被消化吸收。

營養師小叮嚀：雞蛋最容易造成的食物中毒的病菌為沙門氏菌，沙門氏菌可藉由高溫烹調使其消滅，所以最好食用全熟的蛋，或是購買洗選蛋，須注意蛋殼破裂的蛋不宜食用。

1 海鮮蒸蛋

2 焦糖烤布丁

■ **材料**：花枝20克、蝦仁30克、雞胸肉15克、生香菇10克、文蛤2個、雞蛋1個。

■ **調味料**：鹽1小匙、胡椒粉少許、水65克。

■ **做法**：

1. 花枝洗淨刻花，蝦仁洗淨去腸泥，雞胸肉切小丁，生香菇切十字，文蛤泡水吐沙。

2. 將雞胸肉、蝦仁及文蛤放入已打散的蛋中，加水、調味料拌勻，放入電鍋中蒸10分鐘，取出再將花枝鋪於蒸蛋上方，續蒸5分鐘，即可。

■ **材料**：牛奶100克、全蛋1/2個、蛋黃1/2個。

■ **調味料**：糖15克。

■ **做法**：

1. 將所有材料放入容器內攪拌均勻，倒入烤模中。

2. 烤箱先以170度預熱10分鐘，將1放入，隔水加熱烤20分鐘後取出，表面灑上少許糖，以快速槍噴其表面，烤成焦糖即可。

Easy cooking 雞蛋食譜

蘆筍

□ B1　0.05mg/100g　　□ 菸鹼酸　1mg/100g
□ B2　0.2mg/100g

食材簡介 蘆筍屬於溫帶的多年草本植物，原產於地中海岸，英文名稱為Asparagus。兩千多年前，歐洲人已普遍食用蘆筍，十七世紀更是法國皇宮宴客必備的佳餚；中醫書中，稱蘆筍為「龍鬚菜」，性味甘寒無毒，有清熱利尿、治療高血壓的功效。

蘆筍，既沒有華麗的莖也沒有美麗的葉，像草又像菜，市售蘆筍有綠、白兩種，生長過程中，筍尖露出地面就會變綠，稱綠蘆筍；若加蓋土壤，不受陽光照射，就保持白色，稱白蘆筍。蘆筍所含的營養，包括葉酸、維生素A、B1 、B2、 B6、菸鹼酸、C、E，同時還含有鉀、鐵及微量元素─硒。每100克的蘆筍(約5根)，含有98微克的葉酸，可供每日需求量的22％，葉酸為胎兒神經系統發育必須的重要物質，研究也顯示葉酸具預防心血管疾病的效果，所含的維生素A、C、E及硒，更是最近流行的抗氧化物質。

營養師 小叮嚀： 蘆筍尖端生長力茂盛，營養精華都存其尖端幼芽處，食用時應盡量保留尖端的部分；另川燙時間過久，易造成維生素C流失，應以炒食為宜。蘆筍所含的普林量偏高，痛風患者宜酌量使用。

❶蘆筍干貝飯

❷鮮蝦蘆筍串

■材料：蘆筍25克、干貝1顆、薑絲少許、辣椒片1大匙、白米80克、水100C.C、海苔絲1大匙。

■調味料：酒2大匙、紅酒醋2大匙、糖1/2大匙、鹽1小匙、香油2小匙、胡椒粉1小匙。

■做法：

1. 將蘆筍洗淨撕除硬皮，切成1公分段。

2. 干貝泡酒醃約5分鐘。

3. 將米洗淨，瀝乾水分，加入100c.c.水浸泡15～20分鐘，再加入干貝、調味料、薑絲、辣椒略拌勻，放入電鍋中煮熟。

4. 煮熟的飯放入切好的蘆筍，放入電鍋，再煮5分鐘。

5. 食用前，加入海苔絲，輕輕拌勻，即可食用。

■材料：蝦仁140克、蘆筍60克、蒜片5克、薑片5克、太白粉1小匙、沙拉油5大匙。

■醃料：鹽、胡椒各1/2小匙、酒1小匙、香油1/2小匙、蛋白10克。

■調味料：鹽1/2小匙。

■做法：

1. 蝦仁背部劃開去腸泥洗淨瀝乾，加醃料醃15分鐘；蘆筍切段洗淨。

2. 取出蝦仁，分別將蝦仁反摺後，中間串上蘆筍。

3. 起鍋將蘆筍串過油，倒出炸油，留1/2大匙爆香蒜、薑片，續入蘆筍串加入少許水及調味料、太白粉水拌炒勾芡即可。

Easy cooking 蘆筍食譜

花生

■ B1 0.55mg/100g　■ 苓鹼酸 5.02mg/100g
■ B2 0.08mg/100g　■ B6 1.19mg/100g

食材簡介 花生原名落花生，學名為Arachi Hypogaea，起源於南美洲的巴西祕魯一帶，後來中國的廣西省也發現了花生的化石。

在古代花生即被認為具有滋補益壽、長生不老的功效，所以又被稱為「長壽果」。民諺有「常吃花生能養生，吃了花生不想葷」，可見其營養價值之高。花生的藥用價值很高，花生仁、種皮、果殼、葉、莖均可入藥，「本草綱目拾遺」中說它有悅脾和胃、潤肺化痰、滋補調氣等功效。

營養師小叮嚀：發霉的花生含有黃麴毒素，易致癌，絕不可食用，購買時選擇帶殼花生，可防止脂肪的氧化。

花生的吃法多種，可生食、油炸、涼拌、燉煮，其中以燉煮的方式為佳，油炸、油煎或火直接爆炒，會破壞花生中維生素E及其他營養成分；花生本身含有大量的植物油，遇高熱會使花生甘平之性變為燥熱之性，吃多易上火。

1 蒜味花生

2 丁香花生

- ■**材料**：胡蘿蔔15克、軟花生40克、毛豆仁10克、香菜5克、蒜仁3克。
- ■**調味料**：八角1顆、胡椒粉少許、鹽1/4小匙。
- ■**做法**：
1. 胡蘿蔔洗淨去皮切丁，軟花生、毛豆仁洗淨；香菜、蒜仁洗淨切碎。
2. 燒4碗水，加入八角、胡蘿蔔、軟花生、毛豆仁煮至熟軟，取出沖涼。
3. 取一大碗，將胡蘿蔔、軟花生、毛豆仁、蒜碎、香菜末放入拌勻調味，即可盛盤。

- ■**材料**：紅辣椒1根、小魚乾75克、油炸花生30克、沙拉油1大匙。
- ■**調味料**：鹽少許。
- ■**做法**：
1. 紅辣椒洗淨切細片，小魚乾洗淨，瀝乾水分。
2. 起鍋加入沙拉油，把辣椒爆香後，再加入小魚乾及花生炒至油乾即可盛盤。

Easy cooking 花生食譜

酵母

■B1 0.36mg/100g	■菸鹼酸 14.8mg/100g
■B2 27.2mg/100g	■B6 0.2mg/100g

食材簡介 酵母是一種活的真菌，一般多用在製作包子、饅頭和麵包，也可用來製作蘇打餅乾，而蛋糕就幾乎不使用酵母。現在許多生技公司已研發出可以直接食用的酵母，最常使用的烘培用酵母可分為新鮮酵母、乾酵母及即溶酵母，「即溶酵母」使用前，可先用比酵母重5倍的溫水（30～38℃）先泡10分鐘，以檢查酵母的活性。酵母在潮溼溫暖的環境下會慢慢繁殖並放出二氧化碳，使麵糰膨脹，所以操作時須注意溫度的配合。酵母含豐富的維生素B群及礦物質，素食者常缺乏的維他命B群，可藉由食用酵母製品補足。

營養師小叮嚀：酵母在低溫0℃時休眠，所以勿將酵母與糖、鹽、冰水、改良劑直接接觸，以免傷害其活性。

①綠茶饅頭

②芝麻酵母餅

■**材料**：酵母粉4克、麵粉150克、糖20克、綠茶粉2克、沙拉油1/2大匙、蛋黃0.5個。

■**做法**：

1. 溫水1杯放入酵母活化3～5分鐘。

2. 麵粉加糖、綠茶粉、油、蛋黃及水拌勻，揉成糰。

3. 麵粉搓揉至光滑，蓋保鮮膜靜置20分鐘，取出擀平成麵皮，捲起封口朝下成一條狀，分切成數等分。

4. 切割好之饅頭移入蒸籠中發酵10～15分鐘，大火蒸9分鐘即可。

■**材料**：酵母5克、糖30克、水210克、麵粉220克、果糖3克、芝麻10克

■**做法**：

1. 酵母加糖、水混合靜置5分鐘。

2. 酵母水加麵粉攪拌均勻，靜置發酵10分鐘。

3. 取出麵糰再揉至光滑，擀成圓餅狀，刷上果糖，灑上芝麻，再靜置5～10分鐘，使其2次發酵。

4. 平底鍋燒熱，放入酵母餅，用牙籤紮數個小洞，以小火慢烙至金黃酥香，翻面再烙至熱，取出切塊裝盤。

Easy cooking 酵母食譜

菇蕈類

金針菇	□ B1 0.06mg/100g	□ 菸鹼酸 6.2mg/100g
	□ B2 0.18mg/100g	□ B6 0.04mg/100g

食材簡介 頂個小傘帽的菇蕈類，不只有個可愛的造形與迷人的香味，更有對抗疾病的能力，菇蕈類的種類繁多，金針菇、袖珍菇、鴻禧菇、鮑魚菇、杏鮑菇、木耳、銀耳、牛乾菌，甚至現在最流行的巴西蘑菇等都屬於此一家族。

菇蕈類含多醣體，可增強免疫力，對腫瘤細胞活性有抑制作用，日本早已發現香菇中的香菇嘌呤(eritadenine)，能防止膽固醇沉積，可預防、改善動脈硬化與高血壓。台灣香菇產期一年四季均有，3～10月為盛產期，產量較高，價格也較便宜，挑選時，宜選擇肉厚、傘內泛白者為新鮮，傘內若出現紅茶色，表示香味及風味已經流失了。

營養師小叮嚀：B群是屬於水溶性維生素，所以浸泡過的香菇水不要丟棄，可作為素食的高湯底或當作鮮味劑來使用。

元氣維生素

Ⓑ

67

❶ 養生蕈菇盅

❷ 香烤杏鮑菇

■ **材料**：金針菇10克、生香菇10克、鴻禧菇10克、山藥30克、竹笙3克、烏骨雞30克、枸杞2克。

■ **高湯**：烏骨雞60克、小排骨50克、玉米條30克、黃耆1錢、紅棗1粒。

■ **做法**：

1. 將高湯的材料加水熬煮2小時後瀝出高湯。
2. 金針菇、生香菇、鴻禧菇洗淨，山藥切塊、竹笙剪段，裝入燉盅，加入高湯及烏骨雞燉煮30分鐘，食用前灑上枸杞。

■ **材料**：杏鮑菇100克、黑胡椒粒少許。

■ **調味料**：A1醬1/4小匙、醬油膏1大匙、香油1小匙、糖1/2小匙、薑末。

■ **做法**：

1. 杏鮑菇洗淨在表面切3至4刀刀紋，以便入味。
2. 調味料調勻備用。
3. 杏鮑菇置網架刷上調味料，攝氏210度烤7分鐘，取出再刷一次，再烤3分鐘，盛盤灑上黑胡椒粒。

Easy cooking 菇蕈類食譜

市售維生素B補充品

Supplement **B**

維生素B群中,那種維生素最易缺乏?維生素B群那麼多種,一起補充比較好或是要分別

補充?吃多久才有用,有沒有其他相關因素需要列入選購時的參考?誰才需要補充?

- 選購市售維生素 **B** 補充品小常識
- 常見市售維生素 **B** 補充品介紹

維生素 B
Supplement

選購市售維生素 *B* 補充品小常識

Q1 維生素B群中哪一種維生素最容易缺乏，該如何補充？

在維生素B群中，最容易缺乏的是葉酸、維生素B6及維生素B12。

即使如美國這般先進的國家，葉酸攝食不足也是國民的營養危機之一。要由食物攝取足夠的葉酸相當地不容易，由補充劑攝取不失為是一種簡便的方式，購買時，可以優先選擇天然的補充劑如：健素、酵母膠囊等，大致可以解決葉酸攝取不足的問題。

有情緒維生素之稱的維生素B6也是較常缺乏的維生素，缺乏者經常有沮喪、食慾不振及失眠的症狀。維生素B6的補充每天至少要2～3毫克才有功效，最高劑量則不宜超過25～50毫克。

另一個容易缺乏的是維生素B12，維生素B12和紅血球的生成、神經系統的完整性有關，具有預防心血管疾病的功能，是相當重要的維生素。一般說來，維生素B12的補充以10～20微克即已足夠，但越來越多的研究顯示，60歲以上的老年人應該攝取更多的維生素B12以預防心血管疾病，因此有些營養學家也建議將補充劑量由每天10～20微克提高到25～100微克。

Q2 補充單一劑量的維生素B群製劑有效嗎？

維生素B群幾乎都是綜合作用且息息相關，一旦發現其中一種維生素缺乏，即表示其他維生素B群應也有相對缺乏的情形，因此，若只針對其中單一維生素做補充，效果常令人失望。建議若要補充單一維生素B，仍是以補充綜合維生素最為恰當，一般市售的綜合維生素其B群的劑量大約皆等於每日的建議攝取量，因此也無劑量過多的風險。

Q3 維生素要吃多久？

當我壓力大時候要吃維生素B6，好轉之後仍須持續嗎？感冒的時候吃維生素C數天即可？或以後的日子都要吃維生素C？諸如此類的問題，有一個簡單的辨別方法讓您知道該吃多久，有以下三件事需考量：

一.您是否吃足夠多的全穀類、蔬菜、
　　豆、核果、水果等維生素含量較多的

食物呢？如果是的話，您維生素的補充並不特別需要，在特殊壓力下或長期無法正常飲食及作息時，才需要積極補充。

二.您是否有長期的壓力？飲酒？吸煙？喝咖啡？若有以上的情形，則您需要更多的抗氧化劑。

三.您吃一大堆垃圾食物嗎？垃圾食物的定義就是僅提供糖、脂肪卻不提供維生素。而糖與脂肪代謝的過程中卻是需要維生素B群幫忙，因此，若有此飲食習慣的人就必須長期食用維生素補充劑。尤其是保護心血管的維生素B12及葉酸，熱量代謝需要的維生素B1、B2及菸鹼酸。

Q4 何時吃維生素補充劑最有效率？

最有效率的時間就是一個您最容易記得的時間。維生素的補充絕非一朝一夕就可看得出成效，因此找一個容易記住的時間比任何時間都重要，如果常忘記補充則不如不補充。

除此之外，若要有最佳的維生素的吸收率，最好隨餐使用維生素補充劑，

因為此時所有腸胃道的消化吸收功能都被食物活化，因此，其吸收率比空腹時來得好。

總之，找一個不容易忘記的時間，晨間或睡前，即使是空腹也無所謂，持續而不中斷最重要。

Q5 誰最需要維生素B群的補充？

●酗酒者

飲酒幾乎會降低所有維生素B群的作用，或增加維生素B群的需要量，尤其這些族群長期食慾不佳，營養的攝取相對減少，所以酗酒的人常有嚴重的維生素B群缺乏的情形，應適時補充。

●素食者

素食者易缺乏維生素B12，隨著年齡增加，應積極補充維生素B12，以避免缺乏。

●老年人

老年人對營養素的吸收率不如年輕人，對維生素也是如此，因此提高攝食量是較佳的作法。

●孕乳婦

孕婦及哺乳婦女幾乎對所有的維生

素B群的需求量都會增加,在此時期補充維生素,不僅可以維持母親的健康,對將來孩童的營養也甚有幫助。

● 癮君子

吸煙與飲酒相同,會增加維生素B群的需要量。我們發現吸煙者血液中所有的維生素B群濃度都較低,因此,吸煙者亦應適時補充維生素B群。

● 壓力大

在極度的壓力下,對維生素B群的消耗量會增加,因此,無論在身體或心理的的壓力下皆應補充維生素B群。

● 食慾不振

維生素B群的補充可以促進食慾,若有厭食的情形,除了藥物之外,最好的治療就是補充維生素B群。

● 肥胖者

肥胖是心血管疾病的高危險群,除了減肥之外,維生素B群的補充實屬必須,因為藉由降低血中半胱胺酸濃度便可以減低心血管疾病的風險。

Q6 嬰幼兒需要補充維生素嗎?

無論是哺育母乳或使用嬰兒配方奶粉的嬰兒,如無特殊需求,並不需要額外進行維生素補充。

在正常的情況下,母親所分泌的乳汁大多可以供應足夠的營養素,而市面上衛生署查驗登記嬰兒奶粉,因設計時就是以母乳為基礎,因此營養素也不虞匱乏。當開始吃副食品後,嬰幼兒所攝食的食物種類漸趨多樣,若無偏食情形,無須額外進行補充。

然而,有些小朋友或許有一些特殊的狀況,需另外再補充營養素,這必須由醫師開立處方,切勿自行補充。

Q7 維生素B群吃多了也沒關係嗎?

維生素B群除了巨量的菸鹼酸及維生素B6會有毒性反應之外,其餘的維生素皆尚未有有中毒的報告。

但在臨床上,常遇到民眾拿著瓶瓶罐罐來找營養師,有些人每天吃超過10種以上的營養補充劑,仔細看後,大多分成二大類。其中一類是天然食物萃取物,如大蒜精、蜂膠、葉黃素……等等;另一類則是維生素、礦物質的補充劑。

食物的萃取物大多有其特殊的健康

訴求，因為是天然食物萃取，使用上問題不大；反倒是維生素補充劑過量的問題較為嚴重，雖然維生素B群食用過量與達到中毒劑量有段不小的差距，但是補充如此多量的維生素，也是由尿液排出，僅是徒勞與浪費罷了。

Q8 為什麼維生素B群的數字未連續？

早在1932年，維生素B就已被證明是一群而非一種，因此就從B1、B2、B3……漸次命名，但後來科學家們發現，許多先前被稱為維生素的如維生素B4、B10等，後來都被證明不是維生素，所以只好將其去除，形成維生素B群名稱有跳號的現象。

Q9 什麼是抗氧化，維生素B群有抗氧化功能嗎？

氧化，就是生鏽。人的身體在新陳代謝之後，會有一些廢物被釋放出來，這些廢物有些含有相當強的能量，會穿透細胞膜讓細胞受傷，甚至影響細胞的構造而造成癌症，這種具有高能量的廢物統稱為「自由基」，這些「自由基」對

人體細胞進行氧化作用，身體一天天就如生鏽般逐漸老化。

抗氧化，顧名思義，就是抵抗這些氧化劑（自由基）的作用，而具有這些作用的物質便就叫「抗氧化劑」。

在自然界有許多的成分都具有抗氧化功能，例如花青素、花黃素、茄紅素、兒茶酚等都具有抗氧化功效，在維生素中，維生素A、C、E皆具有抗氧化功效，維生素B群並不具備此功能。

Q10 維生素B群可用來瘦身減肥嗎？

坊間曾聽說：「由於維生素B群是新陳代謝的重要因子，因此其可以協助燃燒脂肪及糖份讓人甩掉肥肉。」其實這是錯誤的觀念，人的身體不會無緣無故燃燒脂肪，除非是身體需要，否則身上的點點滴滴豈不是會憑空消失？更不會因為你吃了維生素B群就不見。但是，如果您賣力運動，身體在轉變成熱量的過程中，絕對是需要維生素B群的幫忙。

Q11 素食者是否一定要補充維生素？

理論上，大多數的維生素B群在素食

食物上並不缺乏，唯一會缺乏的大概只
有維生素B12，但維生素B12所需量極
少，如果擔心的話可以適量補充。此
外，值得一提的是，素食者最好每天都
可以吃一些健素或酵母粉，且以糙米飯
替代白米飯，這些均含大量的維生素B
群，足以讓我們不虞匱乏。

常見市售維生素 *B* 補充品介紹

你滋美得 高效維他命B群　　售價／880元

■ **商品特性**：本品含高單位的維生素B群，幫助維持心臟、神經系統、消化系統以及皮膚的健康、參與能量代謝，協助增強體力、滋補強身、維持一天的好氣色。

■ **適用對象**：12歲以上的男女、忙碌上班族、欲增強體力者、運動員、懷孕或哺乳期的婦女
■ **建議用量**：
【保健】每日1粒
【改善】每日2粒
（分次飯後食用）
■ **包裝規格**：120粒／瓶
■ **公司**：景華生技股份有限公司
■ **國外原廠**：Best Formulations

■ **注意事項**：
1.置於陰涼、乾燥處保存。
2.請關緊瓶蓋，避免孩童自行取用。

類別	■維生素B群
型態	■軟膠囊

維生素成分	A	B1	B2	B6	B12	生物素	葉酸	菸鹼酸	泛酸	C	D	E	K	β-胡蘿蔔素	膽鹼	肌醇	PABA
		50 mg	50 mg	500 mcg	30 mcg		400 mcg	30 mg	30 mg				✓		✓	✓	
	硼	鈣	鉻	鈷	銅	氟	碘	鐵	鎂	錳	鉬	磷	鉀	硒	鈉	硫	鋅
其他																	

必康膠囊食品　　售價／1000元

■ **商品特性**：本品提供葉酸400微克，其他維生素B各50單位，完整配方，讓您精神百倍。

■ **適用對象**：上班族、學生、壓力大者、老人家
■ **建議用量**：1日1顆
■ **包裝規格**：100顆／瓶
■ **公司**：健安喜。松雪企業股份有限公司
■ **國外原廠**：GNC

■ **注意事項**：
白天吃可讓精神加倍。

類別	■維生素B
型態	■膠囊

維生素成分	A	B1	B2	B6	B12	生物素	葉酸	菸鹼酸	泛酸	C	D	E	K	β-胡蘿蔔素	膽鹼	肌醇	PABA
		50單位	50單位	50單位	50單位	40 mcg	50單位	50單位	50單位					✓	✓	✓	
	硼	鈣	鉻	鈷	銅	氟	碘	鐵	鎂	錳	鉬	磷	鉀	硒	鈉	硫	鋅
其他																	

100%天然啤酒酵母粉　售價／550元

■ **商品特性**：啤酒酵母含有豐富天然的維生素B群、胺基酸、微量礦物質硒及鉻，為素食者、全家人營養補充來源。

■ **適用對象**：一般人、素食者
■ **建議用量**：每次使用7～15克粉末，可加在牛奶中一起飲用
■ **包裝規格**：454g／瓶
■ **公司**：健安喜．松雪企業股份有限公司
■ **國外原廠**：GNC

類別	■維生素B（天然來源）
型態	■粉末

維生素成分	A	B1	B2	B6	B12	生物素	葉酸	菸鹼酸	泛酸	C	D	E	K	β-胡蘿蔔素	膽鹼	肌醇	PABA
		√	√	√	√	√	√	√	√						√	√	√
	硼	鈣	鉻	鈷	銅	氟	碘	鐵	鎂	錳	鉬	磷	鉀	硒	鈉	硫	鋅
			√														

其他	胺基酸

備註：天然成分未定量

優倍多高單位維他命B群軟膠囊　售價／1319元

■ **商品特性**：含有高單倍維生素B群+C+礦物質，可迅速消除疲勞，補充活力。

■ **適用對象**：一般人（尤其是壓力大之上班族，學生族，長途司機，體力透支大者）
■ **建議用量**：1日1顆
■ **包裝規格**：120粒／瓶
■ **公司**：杏輝藥品工業股份有限公司
■ **國外原廠**：加拿大CanCap G.M.P藥廠

■ **注意事項**：飯後食用，請依照瓶身服用量食用，不可過量。

類別	■維生素B群
型態	■軟膠囊

維生素成分	A	B1	B2	B6	B12	生物素	葉酸	菸鹼酸	泛酸	C	D	E	K	β-胡蘿蔔素	膽鹼	肌醇	PABA
		50mg	70mg	75mg	50mcg	300mcg	400mcg	30mg	5mg	100mg		√			√	√	
	硼	鈣	鉻	鈷	銅	氟	碘	鐵	鎂	錳	鉬	磷	鉀	硒	鈉	硫	鋅
		√						√									

其他	牛磺酸

美麗佳人 活力妙維錠　　售價／330元

- **商品特性**：水溶性維生素B群（Multiple Vitamin B）一直扮演著提供每日工作能量的重要角色，攝取充足的水溶性維生素B群不僅不會蓄積於體內，更可彌補日常飲食不正常、食物過於精緻及工作勞累所導致的營養素流失，讓您天天儲備戰力，輕鬆應付職場與環境的挑戰。

- **適用對象**：一般人、特別推薦給易疲勞、體力差、易酸痛者、素食者適用
- **建議用量**：每次1錠，每日3次
- **包裝規格**：100錠／盒
- **公司**：永信藥品工業股份有限公司
- **國外原廠**：美國Carlsbad Technology Inc.U.S.A.

- **注意事項**：請確實遵循每日建議量食用，不需多食。

類別	■維生素B群　　■維生素C																
型態	■糖衣錠																
維生素	A	B1	B2	B6	B12	生物素	葉酸	菸鹼酸	泛酸	C	D	E	K	β胡蘿蔔素	膽鹼	肌醇	PABA
成分		11.5 mg	25 mg	20 mg	0.25 mg		0.2 mg	7.5 mg	1.2 mg	30 mg							
	硼	鈣	鉻	鈷	銅	氟	碘	鐵	鎂	錳	鉬	磷	鉀	硒	鈉	硫	鋅
其他																	

加仕沛 美麗佳人B1錠　　售價／350元

- **商品特性**：維生素B1被稱為精神性的維生素，除對神經組織及精神狀態有良好的影響外，並與碳水化合物轉換為能量有密切的關係。

- **適用對象**：一般人、推薦給喜好品酒、甜食、運動量大、容易疲勞及想要每一天都充滿朝氣者
- **建議用量**：每次1錠，每日3次，於餐後以溫水吞食
- **包裝規格**：120錠／瓶
- **公司**：永信藥品工業股份有限公司
- **國外原廠**：美國Carlsbad Technology Inc.U.S.A.

- **注意事項**：請確實遵循每日建議量食用，不需多食。

類別	■維生素B1																
型態	■糖衣錠																
維生素	A	B1	B2	B6	B12	生物素	葉酸	菸鹼酸	泛酸	C	D	E	K	β胡蘿蔔素	膽鹼	肌醇	PABA
成分		15 mg															
	硼	鈣	鉻	鈷	銅	氟	碘	鐵	鎂	錳	鉬	磷	鉀	硒	鈉	硫	鋅
其他																	

加仕沛 美麗佳人B2錠　售價／350元

■ **商品特性**：維生素B2是維持皮膚、黏膜健康有幫助的維生素。其參與能量代謝，又和脂肪轉換為能量有密切的關係。

■ **適用對象**：一般人。推薦給常吃油膩食物，因減肥而營養失調及不吃瘦肉、牛乳製品的您
■ **建議用量**：每次1~2錠，每日3次，於餐後以溫水吞食
■ **包裝規格**：120錠／瓶
■ **公司**：
永信藥品工業股份有限公司
■ **國外原廠**：美國Carlsbad Technology Inc.U.S.A.

■ **注意事項**：
請確實遵循每日建議量食用，不需多食。

| 類別 | ■維生素B2 | | | | | | | | | | | | | | | | |
| 型態 | ■糖衣錠 | | | | | | | | | | | | | | | | |

維生素	A	B1	B2	B6	B12	生物素	葉酸	菸鹼酸	泛酸	C	D	E	K	β胡蘿蔔素	膽鹼	肌醇	PABA
成分			30mg														
	硼	鈣	鉻	鈷	銅	氟	碘	鐵	鎂	錳	鉬	磷	鉀	硒	鈉	硫	鋅
其他																	

加仕沛 美麗佳人B6錠　售價／350元

■ **商品特性**：維生素B6是蛋白質轉換為能量所必須的維生素，對於皮膚、黏膜的健康很有益處，此外，更可維持紅血球的正常及神經系統的健康。

■ **適用對象**：一般人。推薦給注重皮膚保養、挑食、貧血者、外食機會多的人
■ **建議用量**：每次1錠，每日3次，於餐後以溫水吞食
■ **包裝規格**：120錠／瓶
■ **公司**：
永信藥品工業股份有限公司
■ **國外原廠**：美國Carlsbad Technology Inc.U.S.A.

■ **注意事項**：
請確實遵循每日建議量食用，不需多食。

| 類別 | ■維生素B6 | | | | | | | | | | | | | | | | |
| 型態 | ■糖衣錠 | | | | | | | | | | | | | | | | |

維生素	A	B1	B2	B6	B12	生物素	葉酸	菸鹼酸	泛酸	C	D	E	K	β胡蘿蔔素	膽鹼	肌醇	PABA
成分				24.3mg													
	硼	鈣	鉻	鈷	銅	氟	碘	鐵	鎂	錳	鉬	磷	鉀	硒	鈉	硫	鋅
其他																	

加仕沛 美麗佳人B12錠　　售價／350元

- **商品特性**：維生素B12參與紅血球的形成，一般缺乏時並不會立刻顯現出症狀，但是，如果平日已有煩躁不安，體力、食慾及記憶力不佳等情形就要趕緊補充。

- **適用對象**：一般人。推薦給孕婦、貧血、膚色暗沉及素食主養者
- **建議用量**：每次1錠，每日3次，於餐後以溫水吞食
- **包裝規格**：120錠／瓶
- **公司**：永信藥品工業股份有限公司
- **國外原廠**：美國Carlsbad Technology Inc.U.S.A.

- **注意事項**：請確實遵循每日建議量食用，不需多食。

類別	■維生素B12
型態	■糖衣錠

維生素	A	B1	B2	B6	B12	生物素	葉酸	菸鹼酸	泛酸	C	D	E	K	β胡蘿蔔素	膽鹼	肌醇	PABA
					0.25 mg												
成分	硼	鈣	鉻	鈷	銅	氟	碘	鐵	鎂	錳	鉬	磷	鉀	硒	鈉	硫	鋅
其他	

日谷 長效綜合B群錠　　售價／480元

- **商品特性**：高單位維他命B-50，特別添加旺盛精神的牛磺酸 (Taurine)配方，讓您天天保持好體力，精神旺盛不停擺。特殊包覆技術，緩慢釋放，達到24小時長效作用。

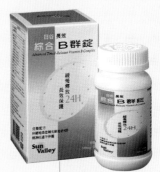

- **適用對象**：一般成人
- **建議用量**：1日1顆
- **包裝規格**：60粒／瓶
- **公司**：日谷國際有限公司

- **注意事項**：
  1. 置於陰涼、乾燥處保存。
  2. 請關緊瓶蓋，避免孩童自行取用。

類別	■維生素B
型態	■膜衣錠

維生素	A	B1	B2	B6	B12	生物素	葉酸	菸鹼酸	泛酸	C	D	E	K	β胡蘿蔔素	膽鹼	肌醇	PABA
		50 mg	50 mg	50 mg	50 mcg	50 mcg	400 mcg	30 mg	10 mg								
成分	硼	鈣	鉻	鈷	銅	氟	碘	鐵	鎂	錳	鉬	磷	鉀	硒	鈉	硫	鋅
其他	牛磺酸50mg

三多女性B群 鐵鎂強化錠　售價／199元

- **商品特性**：含7種水溶性維生素，針對女性特別添加鐵與鎂元素，幫助保持好心情，並提升睡眠品質，減少疲勞感。

- **適用對象**：青春期少女、成年女性
- **建議用量**：
  【成人】每日早晚各1錠
  【12～18歲青春期少女】每日1錠
- **包裝規格**：60錠／盒
- **公司**：三多士股份有限公司

- **注意事項**：
  本品二錠所含營養素已達衛生署規定。之每日最高補充量，多食無益。

類別	■維生素B
型態	■錠劑

維生素成分	A	B1	B2	B6	B12	生物素	葉酸	菸鹼酸	泛酸	C	D	E	K	β胡蘿蔔素	膽鹼	肌醇	PABA
		25mg	50mg	40mg	500mcg		400mcg	5mg	5mg								

其他	硼	鈣	鉻	鈷	銅	氟	碘	鐵	鎂	錳	鉬	磷	鉀	硒	鈉	硫	鋅
								✓	✓								

三多男性B群鋅、硒強化錠　售價／199元

- **商品特性**：含7種水溶性維生素，幫助蛋白質、脂肪、碳水化合物之能量代謝，鋅及硒幫助白天維持好體力，晚上好活力。

- **適用對象**：青少年、成年男士
- **建議用量**：
  【成人】早、晚各1錠
  【12～18歲青少年】每日1錠
- **包裝規格**：60錠／盒
- **公司**：三多士股份有限公司

- **注意事項**：
  本品二錠所含營養素已達衛生署規定。之每日最高補充量，多食無益。

類別	■維生素B
型態	■錠劑

維生素成分	A	B1	B2	B6	B12	生物素	葉酸	菸鹼酸	泛酸	C	D	E	K	β胡蘿蔔素	膽鹼	肌醇	PABA
		25mg	50mg	40mg	500mcg		400mcg	15mg	5mg								

其他	硼	鈣	鉻	鈷	銅	氟	碘	鐵	鎂	錳	鉬	磷	鉀	硒	鈉	硫	鋅
														✓			✓

三多啤酒酵母雪片　　售價／295元

■ **商品特性**：口味香醇，含50%蛋白質，28%膳食纖維及豐富維生素B1、B2。素食可用。

■ **適用對象**：兒童、成長期青少年、孕婦、授乳期媽媽、成人、銀髮族、素食朋友

■ **建議用量**：
【成人】每次3～4平匙，每平匙約5公克，每日1～2次。
【兒童】用量減半，以溫水直接沖泡或添加在牛奶、果汁、豆漿中

■ **包裝規格**：250g／罐

■ **公司**：三多士股份有限公司

■ **注意事項**：
沖泡水溫勿超過45℃，以免維生素B群受高溫而流失。

	類別	■營養保健品															
	型態	■粉末															
維生素	A	B1	B2	B6	B12	生物素	葉酸	菸鹼酸	泛酸	C	D	E	K	β胡蘿蔔素	膽鹼	肌醇	PABA
成分		45 mg	4.5 mg	3.3 mg	0.35 mcg		2800 mcg	24 mg	10 mg								
	硼	鈣	鉻	鈷	銅	氟	碘	鐵	鎂	錳	鉬	磷	鉀	硒	鈉	硫	鋅
		✓										✓	✓		✓		
其他	膳食纖維																

三多啤酒酵母粉　　售價／380元

■ **商品特性**：荷蘭原裝進口，營養均衡豐富，適合全家大小的補充品。

■ **適用對象**：
1.兒童、青少年、中老年人均可使用
2.1歲以下嬰幼兒不建議額外添加

■ **建議用量**：
【成人】每次3～4平匙，每平匙約4公克，每日1～2次
【兒童】兒童用量減半
可添加在牛奶、果汁、稀飯中食用

■ **包裝規格**：500克／罐

■ **公司**：三多士股份有限公司

■ **注意事項**：
水溫勿超過50度，以免維生素B群受高溫而流失。

	類別	■營養保健品															
	型態	■粉末															
維生素	A	B1	B2	B6	B12	生物素	葉酸	菸鹼酸	泛酸	C	D	E	K	β胡蘿蔔素	膽鹼	肌醇	PABA
成分		40 mg	5 mg	2.5 mg	0.34 mcg		1.75 mg	25 mg	12 mg								
	硼	鈣	鉻	鈷	銅	氟	碘	鐵	鎂	錳	鉬	磷	鉀	硒	鈉	硫	鋅
		✓	✓						✓			✓	✓	✓	✓		
其他	膳食纖維																

三多啤酒酵母膠囊　　售價／300元

■**商品特性**：參與能量代謝，排便順暢。

■**適用對象**：
成人促進代謝之營養補充品

■**建議用量**：
1.成人每次3粒，每日1～3次
2.飯前半小時吞食，並補充250c.c.開水

■**包裝規格**：180粒／瓶

■**公司**：三多士股份有限公司

■**注意事項**：
不建議兒童額外補充。

類別	■營養保健品
型態	■膠囊

維生素	A	B1	B2	B6	B12	生物素	葉酸	菸鹼酸	泛酸	C	D	E	K	β胡蘿蔔素	膽鹼	肌醇	PABA
成		67.5 mcg	67.5 mcg	54 mcg			42 mcg	360 mcg	150 mcg						✔	✔	
分	硼	鈣	鉻	鈷	銅	氟	碘	鐵	鎂	錳	鉬	磷	鉀	硒	鈉	硫	鋅
			✔											✔	✔	✔	
其他	膳食纖維																

三多納豆萃取物膠囊　　售價／999元

■**商品特性**：除納豆萃取物外，添加多種營養素，是中老年朋友養生保健，維持健康的最佳配方。

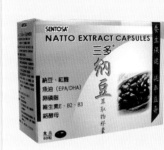

■**適用對象**：
1.中老年朋友
2.維持健康者

■**建議用量**：
成人早晚各1次，每次1粒，飯後以水吞食

■**包裝規格**：
60粒／盒

■**公司**：三多士股份有限公司

■**注意事項**：
1.避免嬰幼兒食入。
2.出血性疾病或抗服用凝血藥劑者，補充前請先諮詢醫師、藥師、營養師。

類別	■營養保健品
型態	■膠囊

維生素	A	B1	B2	B6	B12	生物素	葉酸	菸鹼酸	泛酸	C	D	E	K	β胡蘿蔔素	膽鹼	肌醇	PABA
成			10 mg						10 mg			50 mg					
分	硼	鈣	鉻	鈷	銅	氟	碘	鐵	鎂	錳	鉬	磷	鉀	硒	鈉	硫	鋅
					✔		✔										✔
其他	納豆萃取物、魚油、卵磷脂、紅麴																

三多有機麥苗粉

售價／760元

■ **商品 特性**：天然鹼性食品，美國QAI有機食品認証，體內環保好幫手。

■ **適用 對象**：
工作勞累，蔬果攝取不足，飲食不正常者
■ **建議 用量**：
每次2小匙（約3公克），每日2～3次
■ **包裝 規格**：150錠／盒
■ **公司**：三多士股份有限公司

■ **注意 事項**：
1.請勿以開水沖泡，以免破壞營養素。
2.建議飯前或空腹服用。

類別	■營養保健品																	
型態	■粉末																	
維生素	A	B1	B2	B6	B12	生物素	葉酸	菸鹼酸	泛酸	C	D	E	K	β胡蘿蔔素	膽鹼	肌醇	P A B A	
成分		310 mcg	1.2 mg	140 mcg	1.9 mg					158 mg		31 mg		195.5 mg				
	硼	鈣	鉻	鈷	銅	氟	碘	鐵	鎂	錳	鉬	磷	鉀	硒	鈉	硫	鋅	
		✓	✓		✓			✓	✓			✓	✓	✓	✓		✓	
其他	葉綠素																	

克補

售價／500元（60錠）
780元（100

■ **商品 特性**：生理壓力的情況下，身體會快速流失許多種營養素，克補是專為飲食中容易缺乏某些必需營養素的人，所設計的維生素補充劑。

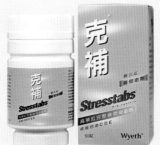

■ **適用 對象**：
成人
■ **建議 用量**：
成人每日1錠
■ **包裝 規格**：
60錠／瓶、
100錠／瓶
■ **公司**：
台灣惠氏股份
有限公司

■ **注意 事項**：
服用本劑後可能會有尿液變黃的現象，此係本劑中含有維他命B2之成份，為正常現象，請無需掛慮。

類別	■營養保健品																	
型態	■膜衣錠																	
維生素	A	B1	B2	B6	B12	生物素	葉酸	菸鹼酸	泛酸	C	D	E	K	β胡蘿蔔素	膽鹼	肌醇	P A B A	
成分		15 mg	10 mg	5 mg	12 mcg	45 mcg	400 mg	100 mg	20 mg	500 mg		30 IU						
	硼	鈣	鉻	鈷	銅	氟	碘	鐵	鎂	錳	鉬	磷	鉀	硒	鈉	硫	鋅	
其他																		

克補鐵

售價／550元

■ **商品特性**：生理壓力的情況下，身體會快速流失許多種營養素。鐵質是造血的重要成份，女性的生理周期會使大量的鐵質流失，因此如果鐵質攝取不足，則可能導致缺鐵性貧血。克補是專為飲食中容易缺乏某些必需營養素的人，所設計的維他命補充劑。

■ **適用對象**：
成人

■ **建議用量**：
成人每日1錠

■ **包裝規格**：
60錠／瓶

■ **公司**：
台灣惠氏股份有限公司

■ **注意事項**：
1. 本品含有鐵劑，在極高劑量下對幼兒可能發生危險，如有誤食過量的情況發生時，請儘速尋求醫師的診治。
2. 服用本劑後可能會有尿液變黃的現象，此係本劑中含有維生素B2之成份，為正常現象，請無需掛慮。

類別　■營養保健品

型態　■膜衣錠

維生素成分	A	B1	B2	B6	B12	生物素	菸鹼酸	泛酸	C	D	E	K	β-胡蘿蔔素	膽鹼	肌醇	PABA
		15 mg	5 mg	5 mg	12 mcg	45 mcg	400 mcg	100 mg	20 mg	500 mg	30 IU					

其他成分	硼	鈣	鉻	鈷	銅	氟	碘	鐵	鎂	錳	鉬	磷	鉀	硒	鈉	硫	鋅
								✓									

克補鋅

售價／540元

■ **商品特性**：生理壓力的情況下，身體會快速流失許多種營養素。鋅在傷口復原及肝臟功能上，扮演著重要的角色。克補鋅是專為飲食中容易缺乏某些必需營養素的人，所設計的維他命補充劑。

■ **適用對象**：
成人

■ **建議用量**：
成人每日1錠

■ **包裝規格**：
60錠／瓶

■ **公司**：
台灣惠氏股份有限公司

■ **注意事項**：
服用本劑後可能會有尿液變黃的現象，此係本劑中含有維生素B2之成份，為正常現象，請無需掛慮。

類別　■營養保健品

型態　■膜衣錠

維生素成分	A	B1	B2	B6	B12	生物素	菸鹼酸	泛酸	C	D	E	K	β-胡蘿蔔素	膽鹼	肌醇	PABA
		15 mg	5 mg	5 mg	12 mcg	45 mcg	400 mcg	100 mg	20 mg	500 mg	30 IU					

其他成分	硼	鈣	鉻	鈷	銅	氟	碘	鐵	鎂	錳	鉬	磷	鉀	硒	鈉	硫	鋅
					✓												✓

你滋美得 愛光　　售價／1200元

■**商品特性**：本品主要成分lutein來自美國Kemin Food,
L.C，擁有18國製造專利萃取優質葉黃素。

■**適用對象**：長時間閱讀、看電
視及電腦者、文書業務繁忙者、
學生族、銀髮族

■**建議用量**：
【保健】每日1錠
【改善】每日2錠
（分次飯後食用）

■**包裝規格**：60粒／瓶

■**公司**：景華生技股份有限公司

■**國外原廠**：Best Formulations

■**注意事項**：
1.置於陰涼、乾燥處保存。
2.請關緊瓶蓋，避免孩童自行取用。

類別	■營養保健品																
型態	■軟膠囊																
維生素	A	B1	B2	B6	B12	生物素	葉酸	菸鹼酸	泛酸	C	D	E	K	β-胡蘿蔔素	膽鹼	肌醇	PABA
成	1000 IU			3.83 mg						57.55 mg							
	硼	鈣	鉻	鈷	銅	氟	碘	鐵	鎂	錳	鉬	磷	鉀	硒	鈉	硫	鋅
分		✓															
其他	琉璃苣油、明亮草、卵磷脂、金盞花萃取（含葉黃素）、鱈魚肝油																

你滋美得 乳鐵益兒壯　　售價／880元

■**商品特性**：牛的初乳含高單位球蛋白如：IgG，另添加
乳鐵蛋白，可提高幼兒對外在環境適應能力。並結合多
種維他命，如：B群、有益菌、珍珠貝鈣、DHA及果寡
糖，提供寶寶最天然的防禦網。

■**適用對象**：偏食的兒童、無咀
嚼能力的年長者及臥床者、欲
調整體質者

■**建議用量**：
沖泡於牛奶或果汁中
【1～3歲】每天3次，每次1/2
～1匙
【3歲以上】每天3次，每次2匙

■**包裝規格**：200gm／瓶

■**公司**：景華生技股份有限公司

■**國外原廠**：Best Formulations

■**注意事項**：
1.置於陰涼、乾燥處保存。
2.請關緊瓶蓋。

類別	■營養保健品																
型態	■粉末																
維生素	A	B1	B2	B6	B12	生物素	葉酸	菸鹼酸	泛酸	C	D	E	K	β-胡蘿蔔素	膽鹼	肌醇	PABA
成	450 IU	10 mg	15 mg	12.4 mg						200 IU	200 IU	2 IU			13.5 mg		
	硼	鈣	鉻	鈷	銅	氟	碘	鐵	鎂	錳	鉬	磷	鉀	硒	鈉	硫	鋅
分		✓															
其他	有益菌、DHA、啤酒酵母、初乳（免疫球蛋白）、乳鐵蛋白、卵磷脂																

你滋美得 益兒壯　　售價／680元

- **商品特性**：由牛初乳中抽取高單位球蛋白如IgG，並結合多種維他命如B群、有益菌、珍珠貝鈣、DHA及果寡糖，可提高嬰幼兒對環境適應能力，提供嬰幼兒最天然的防禦網。

- **適用對象**：體質虛弱之嬰幼童，偏食、挑食者，欲調整體質的年長者
- **建議用量**：
  沖泡於牛奶或果汁中
  【幼兒6～12個月】每天3次，每次1/2匙
  【兒童】每天3次，每次1～2匙
- **包裝規格**：200gm／瓶
- **公司**：景華生技股份有限公司
- **國外原廠**：Best Formulations

- **注意事項**：
  使用後請關緊瓶蓋，置於陰涼、乾燥處保存。

| 類別 | ■營養保健品 |
| 型態 | ■粉末 |

維生素成分	A	B1	B2	B6	B12	生物素	葉酸	菸鹼酸	泛酸	C	D	E	K	β-胡蘿蔔素	膽鹼	肌醇	PABA
	4500 IU	10 mg	15 mg	4 mg						200 mg	200 IU	2 IU		13.5 mg			
	硼	鈣	鉻	鈷	銅	氟	碘	鐵	鎂	錳	鉬	磷	鉀	硒	鈉	硫	鋅
		✓															

其他：有益菌、DHA、啤酒酵母、初乳（免疫球蛋白）、卵磷脂

Better Life優質生活 倍維多　　售價／580元

- **商品特性**：內含多種營養補給，可幫助您輕鬆做好健康維持，減少疲勞感，保持您洋溢不絕的活力。更添加茄紅素、螺旋藻、小米草、柑橘類黃酮等複合草本精華，讓您保持青春永駐。

- **適用對象**：工作忙碌、飲食攝取不均衡者常感疲倦、體力透支者
- **建議用量**：每日1粒於餐後食用
- **包裝規格**：60錠／瓶
- **公司**：
  中化裕民健康事業股份有限公司
  中國化學製藥生技研究中心

| 類別 | ■營養保健品 |
| 型態 | ■錠劑 |

維生素成分	A	B1	B2	B6	B12	生物素	葉酸	菸鹼酸	泛酸	C	D	E	K	β-胡蘿蔔素	膽鹼	肌醇	PABA
	4000 IU	1.5 mg	1.7 mg	2 mg	12.6 mcg	30 mcg	400 mcg	20 mg	10 mg	60 mg	400 IU	30 IU		25 mcg			1000 IU
	硼	鈣	鉻	鈷	銅	氟	碘	鐵	鎂	錳	鉬	磷	鉀	硒	鈉	硫	鋅
		✓	✓		✓	✓	✓	✓	✓		✓	✓	✓	✓			✓

其他：柑橘類黃酮、茄紅素、螺旋藻、小米草

善存* 膜衣錠

- **商品特性**：針對成人所設計之完整營養配方。本製劑係由人體必需的多種維生素與礦物質所構成，包含了葉酸及維他命A.C.E.等抗氧化劑。

- **適用對象**：成人
- **建議用量**：成人每日吞服1錠
- **包裝規格**：60錠／瓶、100錠／瓶
- **公司**：台灣惠氏股份有限公司

- **注意事項**：使用後請蓋緊，並避免將水滴入瓶內，請置於乾燥陰涼及兒童無法取得之處。

類別	■營養保健品
型態	■膜衣錠

維生素	A	B1	B2	B6	B12	生物素	葉酸	菸鹼酸	泛酸	C	D	E	K	β-胡蘿蔔素	膽鹼	肌醇	PABA
成分	5000 IU	1.5 mg	1.7 mg	2 mg	6 mcg	30 mcg	400 mcg	20 mg	10 mg	60 mg	400 IU	30 IU	25 mcg				

	硼	鈣	鉻	鈷	銅	氟	碘	鐵	鎂	錳	鉬	磷	鉀	硒	鈉	硫	鋅
分		162 mg	✓		✓		✓	✓	✓	✓	✓	✓	✓			✓	✓

其他	氯、鎳、矽、錫、釩

銀寶善存* 膜衣錠

- **商品特性**：針對50歲以上成人所特別設計之完整營養配方。本製劑係由人體必需的多種之維他命與礦物質所構成，包含了維他命A.C.E.等抗氧化劑。

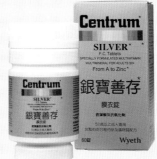

- **適用對象**：成人
- **建議用量**：50歲以上成人每日吞服1錠。
- **包裝規格**：60錠／瓶、100錠／瓶
- **公司**：台灣惠氏股份有限公司

- **注意事項**：使用後請蓋緊，並避免將水滴入瓶內，請置於乾燥陰涼及兒童無法取得之處。

類別	■營養保健品
型態	■膜衣錠

維生素	A	B1	B2	B6	B12	生物素	葉酸	菸鹼酸	泛酸	C	D	E	K	β-胡蘿蔔素	膽鹼	肌醇	PABA
成分	6000 IU	1.5 mg	1.7 mg	3 mg	25 mcg	30 mcg	0.2 mg	20 mg	10 mg	60 mg	400 IU	45 IU	10 mcg				

	硼	鈣	鉻	鈷	銅	氟	碘	鐵	鎂	錳	鉬	磷	鉀	硒	鈉	硫	鋅
分		200 mg	✓		✓		✓	✓	✓	✓	✓	✓	✓	✓			✓

其他	氯、鎳、矽、錫、釩

你滋美得 沛爾力　　售價／880元

■ **商品特性**：本品含濃縮肝精、維他命B群、膽鹼、肌醇等，能減少疲勞、增強體力、滋補強身，是精神旺盛的能量補給。

■ **適用對象**：常感疲勞者、經常應酬者、熬夜者、欲增強體力者
■ **建議用量**：
　【保健】每日1粒
　【改善】每日2粒
　（分次飯後食用）
■ **包裝規格**：60粒／瓶
　（兩瓶1組）
■ **公司**：景華生技股份有限公司
■ **國外原廠**：Best Formulations

■ **注意事項**：
1.使用後置於陰涼、乾燥處保存。
2.使用後請關緊瓶蓋，避免孩童自行取用。

類別	■營養保健品																
型態	■軟膠囊																
維生素	A	B1	B2	B6	B12	生物素	葉酸	菸鹼酸	泛酸	C	D	E	K	β胡蘿蔔素	膽鹼	肌醇	PABA
成分	1200 IU	1 mg	1 mg	0.5 mg	1.0 mcg	3.3 mcg	0.06 mg	10 mg		10 mg	10 IU				10 mg	10 mg	
	硼	鈣	鉻	鈷	銅	氟	碘	鐵	鎂	錳	鉬	磷	鉀	硒	鈉	硫	鋅
																	✓
其他	乾燥肝粉、分餾肝粉2號、濃縮肝粉、啤酒酵母、甲硫胺酸																

美麗佳人 元氣明亮錠　　售價／330元

■ **商品特性**：山桑子含有超過15種花青素成分，為天然萃取之抗氧化劑；維生素A可幫助視紫質的形成，使眼睛適應光線的變化，減少疲勞感；葉黃素、左旋維生素C、維生素E、維生素B2、B12可提供眼睛額外之營養；皆為現代人關心眼睛之最佳利器。

■ **適用對象**：關心眼睛、閱讀、看電視、操作電腦吃力者、素食者適用
■ **建議用量**：每次1錠，每日3次
■ **包裝規格**：100錠／瓶
■ **公司**：
永信藥品工業股份有限公司
■ **國外原廠**：美國Carlsbad Technology Inc.U.S.A.

■ **注意事項**：
請確實遵循每日建議量食用，不需多食。

類別	■營養保健品																
型態	■膜衣錠																
維生素	A	B1	B2	B6	B12	生物素	葉酸	菸鹼酸	泛酸	C	D	E	K	β胡蘿蔔素	膽鹼	肌醇	PABA
成分	0.25 mg		25 mg		0.25 mg							30 mg			10 mg		
	硼	鈣	鉻	鈷	銅	氟	碘	鐵	鎂	錳	鉬	磷	鉀	硒	鈉	硫	鋅
其他	葉黃素、山桑子抽出物																

Better Life優質生活 固營A　售價／680元

■ **商品特性**：天然葡萄糖胺（Natural Glucosamine）和天然軟骨素（Natural Chondrotin），保持您的柔軟度，補充蛋白多醣體，使肢節活動更流暢。同時也添加優質鈣質，並有鈣質輔助因子CPP，讓您保持硬朗、堅固。更配合薑黃萃取物（Curcumin Extract）等舒緩因子，全方位為您設想的完美配方。

■ **適用對象**：中老年人、身體活動肢節處較不順暢者、時常劇烈運動者
■ **建議用量**：每日2粒於餐後食用
■ **包裝規格**：60錠／瓶
■ **公司**：中化裕民健康事業股份有限公司、中國化學製藥生技研究中心

類別	■營養保健品																
型態	■錠劑																
維生素	A	B1	B2	B6	B12	生物素	葉酸	菸鹼酸	泛酸	C	D	E	K	β胡蘿蔔素	膽鹼	肌醇	PABA
成						5 mg	150 mcg		120 mcg								
	硼	鈣	鉻	鈷	銅	氟	碘	鐵	鎂	錳	鉬	磷	鉀	硒	鈉	硫	鋅
分		205 mg															
其他	天然葡萄糖胺　天然軟骨素　天然薑黃素　酪蛋白磷酸胜　L-蛋胺酸																

Better Life優質生活 元氣錠　售價／480元

■ **商品特性**：含有迅速增強體力、使您精神旺盛的多種配方，及多種能量代謝重要因素-維他命B群，維持動能所需的胺基酸群，並添加人參、西伯利亞人參、綠茶、瓜拿那（Guarana）等提神草本精華以及鰹魚濃縮抽出物（Anserine），讓您擺脫疲勞，保持神采奕奕。

■ **適用對象**：工作忙碌、飲食攝取不均衡者感疲倦、體力透支者
■ **建議用量**：每日1粒於餐後食用
■ **包裝規格**：30錠／瓶
■ **公司**：中化裕民健康事業股份有限公司、中國化學製藥生技研究中心

類別	■營養保健品																
型態	■錠劑																
維生素	A	B1	B2	B6	B12	生物素	葉酸	菸鹼酸	泛酸	C	D	E	K	β胡蘿蔔素	膽鹼	肌醇	PABA
成		25 mg	50 mg	20 mg	50 mcg	10 mcg	300 mcg	50 mg	20 mg	50 mg					✓	✓	
	硼	鈣	鉻	鈷	銅	氟	碘	鐵	鎂	錳	鉬	磷	鉀	硒	鈉	硫	鋅
分																	
其他	牛磺酸、西伯利亞人參、人參粉、綠茶萃取物、瓜拿那萃取物、鰹魚濃縮抽出物、L-α胺基異戊酸、L-白胺酸、L-異白胺酸、L-麩醯胺酸																

Better Life優質生活 紅酒C　　售價／380元

- **商品特性**：來自頂級紅酒故鄉的「法國紅酒萃取精華」，含有珍貴的紅酒多酚讓您不用醉也紅暈，日本流行add白胺基酸群（L-Arginine、L-Lysine、L-Cysteine）加上高質感維生素C（Ester Vitamin C），能擁有透光般白皙，並且複合了與紅血球形成有關的維生素B群，徹底由內而外呵護青春，是不可缺的粉嫩養顏新配方。

- **適用對象**：不做黃臉婆一族、想要神采奕奕，不妝也美麗者
- **建議用量**：每日1錠，於空腹食用
- **包裝規格**：30錠／瓶
- **公司**：中化裕民健康事業股份有限公司、中國化學製藥生技研究中心

類別	■營養保健品
型態	■錠劑

維生素成分	A	B1	B2	B6	B12	生物素	葉酸	菸鹼酸	泛酸	C	D	E	K	β-胡蘿蔔素	膽鹼	肌醇	PABA
					5.0 mg	0.05 mg	0.05 mg			190 mg							

	硼	鈣	鉻	鈷	銅	氟	碘	鐵	鎂	錳	鉬	磷	鉀	硒	鈉	硫	鋅
分		110 mg															

其他：紅酒抽出物、紅酒粉、西印度櫻桃萃取物、蘋果多酚、L-二胺基己酸、L-半胱氨酸、L-精胺酸

小善存*+維他命C甜嚼錠　　售價／320元（30錠）　590元（60錠）

- **商品特性**：小善存*+維他命C乃是針對發育成長中兒童所設計之完整營養配方，含23種維他命及礦物質。

- **適用對象**：兒童
- **建議用量**：
  - 【2歲～4歲兒童】每日1/2錠
  - 【4歲以上兒童】每日1錠，嚼碎服用
- **包裝規格**：30錠／瓶、60錠／瓶
- **公司**：台灣惠氏股份有限公司
- **國外原廠**：惠氏

- **注意事項**：本品含有鐵劑，兒童不宜大量服用。若有過量請立即諮詢醫師。

類別	■營養保健品
型態	■錠劑

維生素成分	A	B1	B2	B6	B12	生物素	葉酸	菸鹼酸	泛酸	C	D	E	K	β-胡蘿蔔素	膽鹼	肌醇	PABA
	5000 IU	1.5 mg	1.7 mg	2 mg	6 mcg	45 mcg	400 mcg	20 mg	10 mg	300 mg	30 IU	40 mcg	10 mcg				

	硼	鈣	鉻	鈷	銅	氟	碘	鐵	鎂	錳	鉬	磷	鉀	硒	鈉	硫	鋅
分		108 mg	✓		✓	✓	✓	✓	✓	✓		✓	✓				✓

其他：牛磺酸

小善存*+鈣

售價／320元（30錠）
590元（60錠）

■ **商品特性**：針對發育成長中兒童所設計之完整營養配方。其含23種維他命及礦物質，本品也提供160mg之鈣質以協助孩童之骨骼與牙齒之健全成長。

■ **適用對象**：兒童
■ **建議用量**：
【2歲～4歲兒童】每日1/2錠。
【4歲以上兒童】每日1錠，嚼碎服用。
■ **包裝規格**：30錠／瓶、60錠／瓶
■ **公司**：台灣惠氏股份有限公司
■ **國外原廠**：惠氏

■ **注意事項**：
本品含有鐵劑，兒童不宜大量服用。若有過量請立即諮詢醫師。
使用後請蓋緊，並避免將水滴入瓶內，請置於乾燥陰涼及兒童無法取得之處。
本品含阿斯巴甜，苯酮尿症患不宜使用。

類別	■營養保健品																			
型態	■錠劑																			
維生素	A	B1	B2	B6	B12	生物素	葉酸	菸鹼酸	泛酸	C	D	E	K	β-胡蘿蔔素	膽鹼	肌醇	PABA			
成	5000 IU	1.5 mg	1.7 mg	2 mg	6 mcg	45 mcg	400 mcg	10 mg	10 mg	60 mg	400 IU	30 IU	10 mcg							
分	硼	鈣	鉻	鈷	銅	氟	碘	鐵	鎂	錳	鉬	磷	鉀	硒	鈉	硫	鋅			
		160 mg	✓		✓		✓	✓	✓	✓		✓					✓			
其他																				

美麗佳人 左旋纖麗錠

售價／330元

■ **商品特性**：活性甲殼質能促進新陳代謝、攝取具催化能量代謝之維生素B2及維生素C，可使體內環保工程更形完整；鐵質可補充在運動期間流失的營養素；耐酸型腸道乳酸菌，可抵抗胃酸之破壞而安全進入腸道，維持消化道健康，讓您在飲食控制期間保有好氣色與好體力。

■ **適用對象**：玲瓏上半身必備，專治大肚公及大富婆
■ **建議用量**：
每次1錠，每日3～4次
■ **包裝規格**：100錠／盒
■ **公司**：永信藥品工業股份有限公司
■ **國外原廠**：美國 Carlsbad Technology Inc.U.S.A.

■ **注意事項**：
請確實遵循每日建議量食用，不需多食。

類別	■營養保健品																			
型態	■膜衣錠																			
維生素	A	B1	B2	B6	B12	生物素	葉酸	菸鹼酸	泛酸	C	D	E	K	β-胡蘿蔔素	膽鹼	肌醇	PABA			
成			25 mg						20 mg											
分	硼	鈣	鉻	鈷	銅	氟	碘	鐵	鎂	錳	鉬	磷	鉀	硒	鈉	硫	鋅			
							✓													
其他	活性甲殼質、芽孢型乳酸菌																			

美麗佳人 活力月舒錠　　售價／330元

■ **商品特性**：在歐美鄉間開著紫色小花的硫璃苣,其種子含有一種特殊的脂肪酸－γ-次亞麻油酸（GLA）,能提供女性在每月生理期間必需之營養素。維生素B1、B6、B12、E及鈣質,可幫助您隨時儲備元氣,面對每月1次的挑戰。

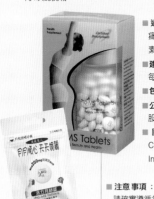

■ **適用對象**：舒緩經痛,給予紅潤好氣色,素食者適用
■ **建議用量**：每次1錠,每日3次
■ **包裝規格**：100粒／盒
■ **公司**：永信藥品工業股份有限公司
■ **國外原廠**：美國Carlsbad Technology Inc.U.S.A.

■ **注意事項**：請確實遵循每日建議量食用,不需多食。

類別	■營養保健品																			
型態	■膜衣錠																			
維生素	A	B1	B2	B6	B12	生物素	葉酸	菸鹼酸	泛酸	C	D	E	K	β胡蘿蔔素	膽鹼	肌醇	PABA			
成		12mg		20mg	0.25mg							10mg								
	硼	鈣	鉻	鈷	銅	氟	碘	鐵	鎂	錳	鉬	磷	鉀	硒	鈉	硫	鋅			
分		12mg																		
其他	琉璃苣油粉末																			

美麗佳人 元氣舒順錠　　售價／330元

■ **商品特性**：紅潤氣色之維持建構於平時的元氣調養,B12、葉酸、鐵三大要素缺一不可、紅潤好氣色常與紅血球中血紅素及含氧量有關,而維生素B12、葉酸、鐵正是建構紅血球的重要元素,可幫助您隨時儲備元氣,面對每月1次的挑戰。

■ **適用對象**：女性,氣色暗沉、元氣不足、貧血者適用
■ **建議用量**：每次1錠,每日3次
■ **包裝規格**：100粒／盒
■ **公司**：永信藥品工業股份有限公司
■ **國外原廠**：美國Carlsbad Technology Inc.U.S.A.

■ **注意事項**：請確實遵循每日建議量食用,不需多食。

類別	■營養保健品																			
型態	■膜衣錠																			
維生素	A	B1	B2	B6	B12	生物素	葉酸	菸鹼酸	泛酸	C	D	E	K	β胡蘿蔔素	膽鹼	肌醇	PABA			
成					0.25mg		0.2mg													
	硼	鈣	鉻	鈷	銅	氟	碘	鐵	鎂	錳	鉬	磷	鉀	硒	鈉	硫	鋅			
分								✓												
其他																				

三多兒童綜合維他命　　售價／399元

■ **商品特性**：專為兒童設計的兒童用綜合維他命，並添加蜂膠、山桑子、初乳奶粉及乳酸菌。

■ **適用對象**：幼兒、兒童、青少年
■ **建議用量**：
　【2～4歲】每日2錠
　【5～16歲之兒童及青少年】每日3錠
■ **包裝規格**：120錠／瓶
■ **公司**：三多士股份有限公司

■ **注意事項**：
　為避免吞食，請咀嚼或研粉食用。

類別	■綜合維生素
型態	■錠劑

維生素	A	B1	B2	B6	B12	生物素	葉酸	菸鹼酸	泛酸	C	D	E	K	β-胡蘿蔔素	膽鹼	肌醇	PABA
	5000 IU	1.5 mg	1.7 mg	2 mg	6 mcg	45 mcg	400 mcg	20 mg	10 mg	100 mg	400 IU	30 IU	10 mcg	✓			

成分	硼	鈣	鉻	鈷	銅	氟	碘	鐵	鎂	錳	鉬	磷	鉀	硒	鈉	硫	鋅
		✓	✓		✓	✓	✓	✓	✓	✓							✓

其他	山桑子萃取物、初乳奶粉、乳鐵蛋白、蜂膠、ABLSE乳酸菌

三多綜合維他命　　售價／699元

■ **商品特性**：全方位綜合維他命、礦物質及金盞花萃取物，滋補強身，再現活力。

■ **適用對象**：成人
■ **建議用量**：
　每日1錠，餐後配開水服用
　產前後病後之補養，每日服用2錠
■ **包裝規格**：300錠／瓶
■ **公司**：三多士股份有限公司

■ **注意事項**：
　開罐後保持密閉，存於陰涼乾燥處。

類別	■綜合維生素
型態	■錠劑

維生素	A	B1	B2	B6	B12	生物素	葉酸	菸鹼酸	泛酸	C	D	E	K	β-胡蘿蔔素	膽鹼	肌醇	PABA
	2500 IU	1.5 mg	1.7 mg	2 mg	6 mcg	30 mcg	400 mcg	20 mg	10 mg	100 mg	400 IU	30 IU	25 mcg	2500 IU			

成分	硼	鈣	鉻	鈷	銅	氟	碘	鐵	鎂	錳	鉬	磷	鉀	硒	鈉	硫	鋅
	✓	✓	✓	✓	✓	✓	✓	✓	✓	✓	✓	✓	✓	✓	✓	✓	✓

其他	金盞花萃取物

日谷 長效綜合維他命　售價／400元

- **商品特性**：含有完整100%RDA之25種營養素與礦物質，更添加黃耆、西洋蔘、金盞花萃取物等植物精華，營養價值更加分，24小時滋補強身不間斷！特殊包覆技術，緩慢釋放，達到24小時長效作用。

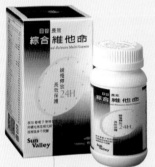

- **適用對象**：一般成人
- **建議用量**：1日1顆
- **包裝規格**：60粒／瓶
- **公司**：日谷國際有限公司

- **注意事項**：飯後食用，請依照瓶身服用量食用，不可過量。

類別	■綜合維生素
型態	■膜衣錠

維生素成分	A	B1	B2	B6	B12	生物素	葉酸	菸鹼酸	泛酸	C	D	E	K	β胡蘿蔔素	膽鹼	肌醇	PABA
	2500 IU	1 mg	1.1 mg	1.5 mg	2.4 mcg	30 mcg	420 mcg	13 mg	5 mg	100 mg	10 IU	12 IU	25 mcg	2500 IU			
	硼	鈣	鉻	鈷	銅	氟	碘	鐵	鎂	錳	鉬	磷	鉀	硒	鈉	硫	鋅
		✓	✓	✓	✓	✓	✓	✓	✓	✓	✓	✓	✓	✓	✓	✓	✓

其他	矽、金盞花萃取、葡萄籽萃取、黃耆、西洋蔘

大可大安孺（男性專用）　售價／2000元

- **商品特性**：依據現代男仕的需求，提供最完整的營養配方。含有最豐富及高劑量的多種維生素、礦物質、微量元素、胺基酸，與時下最熱門的天然營養補給品。

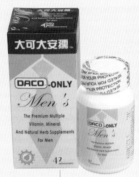

- **適用對象**：一般人。忙碌的上班族、消耗大量體力的勞動族、正值成長快速的青少年、體力漸弱的中老年、想要大展雄風的男性或受不孕困擾的先生
- **建議用量**：每日2錠，每日1次，餐後食用
- **包裝規格**：90錠／瓶
- **公司**：大田有限公司
- **國外原廠**：BIOMED INSTITUTE COMPANY

- **注意事項**：開瓶後請放入冰箱冷藏。

類別	■綜合維生素
型態	■錠劑

維生素成分	A	B1	B2	B6	B12	生物素	葉酸	菸鹼酸	泛酸	C	D	E	K	β胡蘿蔔素	膽鹼	肌醇	PABA
	✓	50 mg	60 mg	60 mg	60 mcg	120 mcg	800 mcg	30 mg	20 mg	300 mg	400 IU	200 IU	40 mcg	10000 IU	✓	✓	✓
	硼	鈣	鉻	鈷	銅	氟	碘	鐵	鎂	錳	鉬	磷	鉀	硒	鈉	硫	鋅
	✓	✓	✓	✓	✓	✓	✓	✓	✓	✓	✓	✓	✓	✓	✓	✓	✓

其他	胺基酸、水田芥、銀杏果、南瓜子粉、冬蟲夏草、茄紅素、蜂膠、葡萄籽。

大可大安孺（女性專用） 售價／2000元

■ **商品特性**：依據現代女仕的需求，提供最完整的營養配方。含有最豐富及高劑量的多種維生素、礦物質、微量元素、胺基酸，與時下最熱門的天然營養補給品。

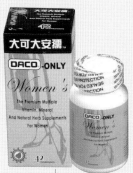

■ **適用對象**：一般人。忙碌的上班女郎、操持家務的家庭主婦、正值成長快速的少女、體力漸弱的中老年婦女、想要懷孕的婦女、孕婦或哺乳的媽媽

■ **建議用量**：每日2錠，每日1次，餐後食用

■ **包裝規格**：90錠／瓶

■ **公司**：大田有限公司

■ **國外原廠**：BIOMED INSTITUTE COMPANY

■ **注意事項**：開瓶後請放入冰箱冷藏。

類別	■綜合維生素																
型態	■錠劑																
維生素	A	B1	B2	B6	B12	生物素	葉酸	菸鹼酸	泛酸	C	D	E	K	β-胡蘿蔔素	膽鹼	肌醇	PABA
成分	✓	50 mg	80 mg	160 mcg	160 mcg	800 mcg	30 mg	20 mg	300 mg	400 IU	200 IU	40 mg		10000 IU	✓	✓	
	硼	鈣	鉻	鈷	銅	氟	碘	鐵	鎂	錳	鉬	磷	鉀	硒	鈉	硫	鋅
	✓	✓	✓	✓	✓	✓	✓	✓	✓	✓	✓	✓	✓	✓			✓

其他：胺基酸、月見草油、人蔘、當歸、葡萄籽、茄紅素、大豆異黃酮。

大可小安孺（咀嚼錠食品） 售價／1000元

■ **商品特性**：大可小安孺咀嚼錠為一有多種維他命、礦物質、天然小麥胚芽粉、羊乳粉、鈣粉、初乳的營養補充品，以特殊技術調配，最適合孩童口味。不含蔗糖、葡萄糖，甜味來自山梨醇成份，長期食用不會造成蛀牙。含豐富的維他命E、C、B群、礦物質、蛋白質、胺基酸、乳酸菌，能調整體質、調節生理機能，促進身體對維生素的吸收利用。

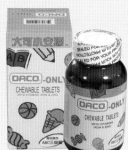

■ **適用對象**：3歲～12歲

■ **建議用量**：
【3歲以下孩童】每日1錠
【3歲～6歲孩童】每日2錠
【6歲以上孩童】每日3錠
隨主餐咀嚼食用

■ **包裝規格**：100錠／瓶

■ **公司**：大田有限公司

■ **國外原廠**：BIOMED INSTITUTE COMPANY

■ **注意事項**：開瓶後請放入冰箱冷藏。

類別	■綜合維生素																
型態	□嚼錠																
維生素	A	B1	B2	B6	B12	生物素	葉酸	菸鹼酸	泛酸	C	D	E	K	β-胡蘿蔔素	膽鹼	肌醇	PABA
成分	2500 IU	0.75 mg	0.85 mg	1 mg	3 mcg		200 mcg	5 mg		30 mg	200 IU	15 IU					
	硼	鈣	鉻	鈷	銅	氟	碘	鐵	鎂	錳	鉬	磷	鉀	硒	鈉	硫	鋅
		✓						✓									✓

其他：小麥胚芽粉、羊乳粉、初乳、嗜酸乳桿菌（A菌）、比菲德氏菌（B菌）、酪乳酸桿菌（C菌）。

大可小安孺

售價／1000元

■ **商品特性**：大可小安孺顆粒為一有多種維他命、礦物質、天然小麥胚芽粉、鈣粉及初乳的營養補充品，以特殊技術調配而成，最適合孩童口味。不含蔗糖、葡萄糖，甜味來自山梨醇成分，長期食用不會造成蛀牙。含豐富的維他命E、C、B群、礦物質、蛋白質、胺基酸、乳酸菌，能調整體質、調節生理機能，促進身體對維生素的吸收利用。

■ **適用對象**：4個月以上嬰幼兒
■ **建議用量**：可加入牛奶、開水、果汁，每次加1～2匙大可小安孺顆粒，調勻後即可飲用
■ **包裝規格**：150g／瓶
■ **公司**：大田有限公司
■ **國外原廠**：BIOMED INSTITUTE COMPANY

■ **注意事項**：
開瓶後請放入冰箱冷藏。

類別	■綜合維生素																
型態	■粉末																
維生素	A	B1	B2	B6	B12	生物素	葉酸	菸鹼酸	泛酸	C	D	E	K	β胡蘿蔔素	膽鹼	肌醇	PABA
成分		0.32 mg	0.34 mg	0.4 mg	1 mcg		60 mg	2.5 mg		18 mg	2.5 IU	1.5 IU		1000 IU	✓	✓	
	硼	鈣	鉻	鈷	銅	氟	碘	鐵	鎂	錳	鉬	磷	鉀	硒	鈉	硫	鋅
分		✓					✓										✓
其他	小麥胚芽粉、羊乳粉、初乳、嗜酸乳桿菌（A菌）、比菲德氏菌（B菌）、酪乳酸桿菌（C菌）。																

美加男食品

售價／1350元（90錠）
2400元（180錠）

■ **商品特性**：強化照護男性及活力能量的天然配方，是適合現代男性的均衡綜合維他命。

■ **適用對象**：一般成年男性
■ **建議用量**：每日1顆
■ **包裝規格**：90錠／瓶、180錠／瓶
■ **公司**：健安喜。松雪企業股份有限公司
■ **國外原廠**：GNC

■ **注意事項**：
白天飯後食用較佳。

類別	■綜合維生素																
型態	■錠劑																
維生素	A	B1	B2	B6	B12	生物素	葉酸	菸鹼酸	泛酸	C	D	E	K	β胡蘿蔔素	膽鹼	肌醇	PABA
成分	✓	✓	✓	✓	✓	✓	✓	✓	✓	✓	✓	✓	✓	✓	✓	✓	
	硼	鈣	鉻	鈷	銅	氟	碘	鐵	鎂	錳	鉬	磷	鉀	硒	鈉	硫	鋅
分	✓	✓	✓	✓	✓	✓	✓	✓	✓	✓	✓	✓	✓	✓	✓	✓	✓
其他	天然抗氧化配方、蕃茄紅素																

備註：劑量保密

優卓美佳食品錠

售價／1350元（90錠）
2400元（180錠）

■ **商品特性**：強化女性易缺乏的營養素，是適合女性的均衡綜合維他命。

■ **適用對象**：一般成年女性
■ **建議用量**：每日1顆
■ **包裝規格**：90錠／瓶、180錠／瓶
■ **公司**：健安喜。松雪企業股份有限公司
■ **國外原廠**：GNC

■ **注意事項**：
白天飯後食用較佳。

類別	■綜合維生素
型態	■錠劑

成分	維生素	A	B1	B2	B6	B12	生物素	葉酸	菸鹼酸	泛酸	C	D	E	K	β胡蘿蔔素	膽鹼	肌醇	PABA
		✓	✓	✓	✓	✓	✓	✓	✓	✓	✓	✓	✓			✓	✓	✓
		硼	鈣	鉻	鈷	銅	氟	碘	鐵	鎂	錳	鉬	磷	鉀	硒	鈉	硫	鋅
		✓	✓	✓	✓	✓	✓	✓	✓	✓	✓	✓	✓	✓	✓	✓	✓	✓
其他	天然抗氧化配方、番茄紅素																	

備註：劑量保密

金優卓美佳食品錠

售價／1800元

■ **商品特性**：本品專為銀髮族設計之綜合維生素，除含有維生素、礦物質外，更含有各種消化酵素及天然植物，完美的配方，讓你健康活力十足。

■ **適用對象**：銀髮族
■ **建議用量**：每日1顆
■ **包裝規格**：90錠／瓶
■ **公司**：健安喜。松雪企業股份有限公司
■ **國外原廠**：GNC

■ **注意事項**：
白天飯後食用較佳。

類別	■綜合維生素
型態	■錠劑

成分	維生素	A	B1	B2	B6	B12	生物素	葉酸	菸鹼酸	泛酸	C	D	E	K	β胡蘿蔔素	膽鹼	肌醇	PABA
		✓	✓	✓	✓	✓	✓	✓	✓	✓	✓	✓	✓		✓	✓	✓	✓
		硼	鈣	鉻	鈷	銅	氟	碘	鐵	鎂	錳	鉬	磷	鉀	硒	鈉	硫	鋅
		✓	✓	✓	✓	✓	✓	✓	✓	✓	✓	✓	✓	✓	✓	✓	✓	✓
其他	天然抗氧化配方、番茄紅素、綠茶、綜合消化酵素																	

備註：劑量保密

悠康 純化維他軟膠囊　　售價／680元

■**商品特性**：以營養生理學之平衡調養概念，融合人體每日必需之12種維生素、8種礦物質及微量元素，適合用於減少疲勞，產前產後及病後之補養，也是現代人營養補給、增強體力、維護元氣及健康維持的好選擇。

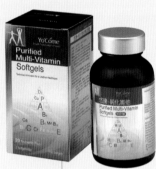

■**適用對象**：
　一般人
■**建議用量**：
　每次1粒，每日2次，
　於餐後以溫水吞食
■**包裝規格**：
　100粒／瓶
■**公司**：永信藥品工
　業股份有限公司
■**國外原廠**：
　美國Carlsbad
　Technology
　Inc.U.S.A.

■**注意事項**：
　請確實遵循每日建議量食用，不需多食。

類別	■綜合維生素																	
型態	■軟膠囊																	
成　分	維生素	A	B1	B2	B6	B12	生物素	葉酸	菸鹼酸	泛酸	C	D	E	K	β-胡蘿蔔素	膽鹼	肌醇	PABA
		1.281mg	1.7mg	2mg	2.3mg	2.3µg	0.12mg	0.08mg	2.1mg	17.5mg	69mg	0.8mg	15mg					
		硼	鈣	鉻	鈷	銅	氟	碘	鐵	鎂	錳	鉬	磷	鉀	硒	鈉	硫	鋅
			12.6mg	✓		✓			✓	✓	✓			✓				✓
	其他																	

加仕沛 美麗佳人MV錠　　售價／450元

■**商品特性**：綜合維生素是提供每日工作能量的重要角色。哪一個不足都會造成營養失衡，一次均衡且適量的攝取綜合維生素，不但可提供每日活力的基礎，更不會導致身體的負擔。

■**適用對象**：一般人、推薦給想
　補充維生素及飲食不正常的您
■**建議用量**：每次1錠，每日3次
■**包裝規格**：120錠／瓶
■**公司**：
　永信藥品工業股份有限公司
■**國外原廠**：美國Carlsbad
　Technology Inc.U.S.A.

■**注意事項**：
　請確實遵循每日建議量食用，不需多食。

類別	■綜合維生素																	
型態	■糖衣錠																	
成　分	維生素	A	B1	B2	B6	B12	生物素	葉酸	菸鹼酸	泛酸	C	D	E	K	β-胡蘿蔔素	膽鹼	肌醇	PABA
		0.25mg	1mg	1mg	3mg	2µg		5mg	5mg	30mg		3ug	10mg			50mg	50mg	
		硼	鈣	鉻	鈷	銅	氟	碘	鐵	鎂	錳	鉬	磷	鉀	硒	鈉	硫	鋅
	其他																	

杏輝沛多仕女綜合維他命軟膠囊　售價／680元

■ **商品特性**：21種綜合維生素，礦物質，特別強化鐵、B6、B12、葉酸等造血維他命，把女性每個月流失的補回來。

■ **適用對象**：青少女及成年女性
■ **建議用量**：1日1～2顆
■ **包裝規格**：60粒／瓶
■ **公司**：
　杏輝藥品工業股份有限公司
■ **國外原廠**：
　加拿大CanCap G.M.P藥廠

■ **注意事項**：
　飯後食用，請依照瓶身服用量食用，不可過量。

類別	■綜合維生素																
型態	■軟膠囊																
維生素	A	B1	B2	B6	B12	生物素	葉酸	菸鹼酸	泛酸	C	D	E	K	β-胡蘿蔔素	膽鹼	肌醇	PABA
成分	2500 IU	1 mg	1.1 mg	10 mg	40 mcg	50 mcg	225 mcg	13 mg	10 mg	100 mg	100 IU	50 IU	10 mcg				
	硼	鈣	鉻	鈷	銅	氟	碘	鐵	鎂	錳	鉬	磷	鉀	硒	鈉	硫	鋅
		✓			✓			✓	✓	✓							✓
其他	啤酒酵母																

杏輝沛多綜合維他命軟膠囊　售價／680元

■ **商品特性**：27種綜合維生素，礦物質，特別強化水溶性維生素B群，適合汗流量大，水溶性維生素需求大的台灣海島型氣候。

■ **適用對象**：一般人
■ **建議用量**：1日1顆
■ **包裝規格**：60粒／瓶
■ **公司**：
　杏輝藥品工業股份有限公司
■ **國外原廠**：
　加拿大CanCap G.M.P藥廠

■ **注意事項**：
　飯後食用，請依照瓶身服用量食用，不可過量。

類別	■綜合維生素																
型態	■軟膠囊																
維生素	A	B1	B2	B6	B12	生物素	葉酸	菸鹼酸	泛酸	C	D	E	K	β-胡蘿蔔素	膽鹼	肌醇	PABA
成分	5000 IU	10 mg	10 mg	20 mg	4 mcg	300 mcg	200 mcg	30 mg	20 mcg	100 mg	200 IU	50 IU	100 mcg		20 mcg	20 mcg	
	硼	鈣	鉻	鈷	銅	氟	碘	鐵	鎂	錳	鉬	磷	鉀	硒	鈉	硫	鋅
		✓	✓		✓		✓	✓	✓	✓	✓			✓		✓	✓
其他	啤酒酵母、氯																

優倍多女性綜合維他命群軟膠囊 售價／549元

■**商品特性**：強化造血維他命（鐵、B6、B12、葉酸）之綜合維生素，把女性每個月流失的補回來。

- ■**適用對象**：青少女及成年女性
- ■**建議用量**：1日1顆
- ■**包裝規格**：60粒／瓶
- ■**公司**：杏輝藥品工業股份有限公司
- ■**國外原廠**：加拿大CanCap G.M.P藥廠

■**注意事項**：飯後食用，請依照瓶身服用量食用，不可過量。

類別	■綜合維生素
型態	■軟膠囊

維生素	A	B1	B2	B6	B12	生物素	葉酸	菸鹼酸	泛酸	C	D	E	K	β胡蘿蔔素	膽鹼	肌醇	PABA
	4200 IU	1.3 mg	1.5 mg	5 mg	20 mcg		225 mcg	17 mg	10 mg	100 mg	200 IU	50 IU	10 mcg				

成分	硼	鈣	鉻	鈷	銅	氟	碘	鐵	鎂	錳	鉬	磷	鉀	硒	鈉	硫	鋅
						✓		✓	✓	✓		✓					✓

其他	啤酒酵母1mg

優倍多男性綜合維命軟膠囊 售價／549元

■**商品特性**：鋅強化配方,增強男人精力。

- ■**適用對象**：青少年及成年男性
- ■**建議用量**：1日1顆
- ■**包裝規格**：60粒／瓶
- ■**公司**：杏輝藥品工業股份有限公司
- ■**國外原廠**：加拿大CanCap G.M.P藥廠

■**注意事項**：飯後食用，請依照瓶身服用量食用，不可過量。

類別	■綜合維生素
型態	■軟膠囊

維生素	A	B1	B2	B6	B12	生物素	葉酸	菸鹼酸	泛酸	C	D	E	K	β胡蘿蔔素	膽鹼	肌醇	PABA
	2500 IU	2 mg	2 mg	2 mg	2 mcg	150 mcg	200 mcg	22 mg	10 mg	100 mg	150 IU	50 IU	50 mcg		✓	✓	

成分	硼	鈣	鉻	鈷	銅	氟	碘	鐵	鎂	錳	鉬	磷	鉀	硒	鈉	硫	鋅
					✓		✓	✓	✓			✓					✓

其他	啤酒酵母25mg

優倍多銀髮綜合維他命軟膠囊　售價／549元

- **商品特性**：26種綜合維生素、礦物質，特別強化抗老化營養素-硒，及多種可維持血管及神經系統健的維他命，幫助銀髮族延緩各部老化問題。

- **適用對象**：銀髮族
- **建議用量**：1日1～2顆
- **包裝規格**：100粒／瓶
- **公司**：杏輝藥品工業股份有限公司

- **注意事項**：
  飯後食用，請依照瓶身服用量食用，不可過量。

類別	■綜合維生素																
型態	■軟膠囊																
成分（維生素）	A	B1	B2	B6	B12	生物素	葉酸	菸鹼酸	泛酸	C	D	E	K	β-胡蘿蔔素	膽鹼	肌醇	PABA
	6000 IU	2 mg	2 mg	4 mg	30 mcg	40 mcg	250 mcg	15 mg	50 mcg		400 IU	45 IU	10 mg				
	硼	鈣	鉻	鈷	銅	氟	碘	鐵	鎂	錳	鉬	磷	鉀	硒	鈉	硫	鋅
		✓	✓		✓		✓	✓	✓	✓	✓	✓	✓	✓			✓
其他	氯72.6 mg、啤酒酵母25mg																

你滋美得 綜合維他命＋草本　售價／880元

- **商品特性**：含完整維生素及礦物質，更添加多種珍貴草本植物，可幫助消化、滋補強身、促進新陳代謝。

- **適用對象**：12歲以上、外食、熬夜者、工作忙碌者、病後之補養
- **建議用量**：
  【保健】每日1錠
  【改善】每日2錠
  （分次飯後食用）
- **包裝規格**：90錠／瓶
- **公司**：景華生技股份有限公司
- **國外原廠**：NutraMed, Inc.

- **注意事項**：
  1. 置於陰涼、乾燥處保存。
  2. 請關緊瓶蓋，避免孩童自行取用。

類別	■綜合維生素																
型態	■錠劑																
成分（維生素）	A	B1	B2	B6	B12	生物素	葉酸	菸鹼酸	泛酸	C	D	E	K	β-胡蘿蔔素	膽鹼	肌醇	PABA
	5000 IU	10 mg	10 mg	10 mg	2 mcg	100 mcg	200 mcg	10 mg		60 mg	200 IU	50 IU	37.5 mcg				
	硼	鈣	鉻	鈷	銅	氟	碘	鐵	鎂	錳	鉬	磷	鉀	硒	鈉	硫	鋅
		✓	✓		✓			✓	✓	✓	✓		✓	✓			✓
其他	螺旋藻粉末、木瓜汁粉末、山楂果粉末																

你滋美得 女性專用維他命　售價／880元

■ **商品特性**：以完整維他命配方，並添加構成血紅素的鐵、維生素C、當歸、花粉、硒、鉻及海藻，能幫助減少疲勞感，給您青春永駐好氣色。

■ **適用對象**：欲增強體力者、懷孕、哺乳婦女、青春期少女、偏食、素食者、少食牛肉、肝臟等含鐵量高的食物者

■ **建議用量**：
【保健】每日1錠
【改善】每日2錠
（分次飯後食用）

■ **包裝規格**：90錠／瓶
■ **公司**：景華生技股份有限公司
■ **國外原廠**：NutraMed, Inc.

■ **注意事項**：
1.置於陰涼、乾燥處保存。
2.請關緊瓶蓋，避免孩童自行取用。

類別	■綜合維生素
型態	■錠劑

維生素	A	B1	B2	B6	B12	生物素	葉酸	菸鹼酸	泛酸	C	D	E	K	β胡蘿蔔素	膽鹼	肌醇	PABA
成分	5000 IU	15 mg	15 mg	15 mg		80 mcg	200 mcg	15 mg		60 mg	200 IU	50 IU	37.5 mcg				
	硼	鈣	鉻	鈷	銅	氟	碘	鐵	鎂	錳	鉬	磷	鉀	硒	鈉	硫	鋅
分		✓	✓		✓		✓	✓	✓					✓			✓

其他：葉酸、當歸、花粉

你滋美得 男性專用維他命　售價／880元

■ **商品特性**：鋅是人體不可或缺的礦物質，添加鋅的"你滋美得"男性專用維他命，能增強體力，滋補強身，是男性活力的泉源。

■ **適用對象**：一般男女性、注重健康維持者、欲增強體力之男性

■ **建議用量**：
【保健】每日1錠
【改善】每日2錠
（分次飯後食用）

■ **包裝規格**：90錠／瓶
■ **公司**：景華生技股份有限公司
■ **國外原廠**：NutraMed, Inc.S

■ **注意事項**：
1.置於陰涼、乾燥處保存。
2.請關緊瓶蓋，避免孩童自行取用。

類別	■綜合維生素
型態	■膜衣錠

維生素	A	B1	B2	B6	B12	生物素	葉酸	菸鹼酸	泛酸	C	D	E	K	β胡蘿蔔素	膽鹼	肌醇	PABA
成分	5000 IU	15 mg	15 mg	15 mg	1 mcg	150 mcg	200 mcg	15 mg		60 mg	150 IU	50 IU	37.5 mcg				
	硼	鈣	鉻	鈷	銅	氟	碘	鐵	鎂	錳	鉬	磷	鉀	硒	鈉	硫	鋅
分		✓	✓		✓		✓	✓	✓					✓			✓

其他：西伯利亞人蔘

廣 告 回 信
臺灣北區郵政管理局登記證
北 台 字 第 8719 號
免 貼 郵 票

106-□□
台北市新生南路三段88號5樓之6

揚智文化事業股份有限公司　　收

□□□-□□
地址：　　市縣　　鄉鎮市區　　路街　段　巷　弄　號　樓
姓名：

Leaves
Publishing

書號　L5402　　書名　元氣維生素B

葉子出版股份有限公司

讀·者·回·函

感謝您購買本公司出版的書籍。
為了更接近讀者的想法，出版您想閱讀的書籍，在此需要勞駕您詳細為我們填寫回函，您的一份心力，將使我們更加努力！！

1.姓名：_____

2.性別：□男 □女

3.生日／年齡：西元_____ 年____月 ____ 日____歲

4.教育程度：□高中職以下 □專科及大學 □碩士 □博士以上

5.職業別：□學生□服務業□軍警□公教□資訊□傳播□金融□貿易
　　　　　□製造生產□家管□其他_____

6.購書方式／地點名稱：□書店_____□量販店_____□網路_____□郵購_____
　　　　　　　　　　　□書展_____□其他____

7.如何得知此出版訊息：□媒體____□書訊____□書店____□其他____

8.購買原因：□喜歡作者□對書籍內容感興趣□生活或工作需要□其他

9.書籍編排：□專業水準□賞心悅目□設計普通□有待加強

10.書籍封面：□非常出色□平凡普通□毫不起眼

11. E-mail：_____

12喜歡哪一類型的書籍：_____

13.月收入：□兩萬到三萬□三到四萬□四到五萬□五萬以上□十萬以上

14.您認為本書定價：□過高□適當□便宜

15.希望本公司出版哪方面的書籍：_____

16.本公司企劃的書籍分類裡，有哪些書系是您感到興趣的？

□忘憂草（身心靈）□愛麗絲（流行時尚）□紫薇（愛情）□三色堇（財經）

□銀杏（健康）□風信子（旅遊文學）□向日葵（青少年）

17.您的寶貴意見：

_____

☆填寫完畢後，可直接寄回（免貼郵票）。
　我們將不定期寄發新書資訊，並優先通知您
　其他優惠活動，再次感謝您！！

Leaves
Publishing

根
以讀者爲其根本

莖
用生活來做支撐

葉
引發思考或功用

果
獲取效益或趣味